天下文化　遠見

榮耀船說

台船公司逆風前行

王御風、沈勤譽、朱乙真　採訪撰文

目錄

台船精神，台灣精神

總統 蔡英文

　　台灣是海洋國家，位處西太平洋第一島鏈戰略樞紐位置，海岸線綿長，海洋資源維護利用與海疆領域的防衛安全攸關國家生存發展。台船公司走過 50 年，歷經轉型成長，在台灣的造船技術發展、國防工業自主及海洋綠能開發都扮演關鍵角色。

　　台船公司於 1973 年建廠，是台灣重要的造船基地，也是重工業發展的基石。早期，以興造油輪、貨櫃輪等商用船舶為主；1990 年代起，承接政府執行國防自主任務，陸續啟動海軍造艦計畫，在船艦設計及建造技術上不斷突破精進，造艦能力深受肯定。迄今只要有海洋的地方就能看到台船公司製造的船舶，是我國船艦產業本土化的重要推手。

　　近年來，台船公司配合政府國艦國造及能源轉型的

重大政策，積極展開多角化布局。在離岸風電方面，今年（2023）完成建造亞洲最大、全球第二大、我國首艘離岸風電海事工作船「環海翡翠輪」，承接離岸風場水下基礎安裝、大型風機運輸等作業，引領台灣海事工程航向新里程。

「國家任務、台船使命」的印記是台船人驕傲的 DNA。在國艦國造方面，第一艘萬噸級的兩棲船塢運輸艦「玉山軍艦」已於 2022 年交艦，並於今年 6 月正式成軍，為我國海軍兩棲作戰最新戰力；9 月，台灣第一艘國造潛艦「海鯤軍艦」完成下水。我要特別感謝台船員工堅守工作崗位，為國家努力付出，完成潛艦國造這個不可能的任務，這份榮耀當屬於「台船人」。

台船公司成立半世紀以來，歷經內外艱鉅的挑戰，秉持穩健務實的精神，戮力完成國家交付的各項重要任務。台船公司與我國 2,300 萬人民共同成長茁壯，由商船、海軍艦艇、公務船艦的建造與維修，到離岸風電海工事業、潛艦國造，即使面對艱困挑戰，依然堅持目標，以守護家園的熱血及努力付出，一步步將不可能化為可能，向世界充分展現台灣的決心與能耐。

我們可以驕傲地說，台船精神就是台灣精神，在逆境

中尋求轉型的契機，在轉型中展現堅強的實力。這份榮耀為
海洋國家子民所共享、共有。期許台船公司持續發揮造船能
量，做台灣最堅強的後盾，讓我們面向海洋、走向世界，繼
續打拚！

齊心協力，繼往開來

行政院院長 陳建仁

　　面對瞬息萬變的世界，我們唯一能做的，就是不斷地優化與調整因應。如同美國著名鄉村歌手吉米‧狄恩（Jimmy Dean）曾說：「我無法改變風向，但我永遠可以藉由調整風帆，讓我順利抵達目的地。」（I can't change the direction of the wind, but I can adjust my sails to always reach my destination.），正是台灣國際造船股份有限公司（以下簡稱台船）自 1973 年成立以來，最佳的寫照。台船做為承襲半世紀興衰的國營事業，歷經歷史更迭，在面對新世代的挑戰，仍勇於肩負國家使命，完成一件又一件艱難的任務。

　　《榮耀船說》一書詳述台船的源起、發展以及一路上經營的風風雨雨，如同書末提到，台船始終秉持「毛竹扎根」、「老鷹重生」的理念，以及同舟共濟地克服種種困難

挫折的精神，都非常值得我們學習。

　　台灣是海島型的國家，海岸線綿延，土地四周被海洋圍繞，受惠於獨特的地理環境，除了擁有豐富的歷史文化，也造就台灣人團結、好客、善良與堅韌的性格，並深入於我們的生活和工作當中。然而，在全球暖化的衝擊下，蕞爾小島如台灣，往往也是最早受到氣候變遷的影響，因此「2050淨零排放」已是世界各國共同努力的目標，推動能源轉型也必然是台灣努力的方向。

　　近年來，台船業務版圖從傳統造船業，延伸到海事工程專業，更應運成為台灣綠能發展不可或缺的重要推手。台船與比利時 DEME 集團合作，共同打造離岸風電大型浮吊船「環海翡翠輪」，並在 2023 年完成交船作業後，投入中鋼中能風場及海龍風場的施作工程，成為建設離岸風電的即戰力。環海翡翠輪全程由台灣設計建造，是一艘全世界第二大的風電浮吊船，除象徵我國在造船技術、海事工程與離岸風電建設等三大領域發展的重要里程碑，更加速台灣發展具自主性、低碳化的綠色能源腳步，以提供國人更穩定、更乾淨的電力來源。

　　此外，台船在維護台灣海洋權益與海域治安方面，也有

許多重大貢獻，如行政院於 2019 年核定「4 艘百噸級巡緝艇汰舊換新計畫」，期程為 4 年，投入共約 9 億元，在台船傾力設計製造之下，全數順利在 2023 年 5 月中旬前完成交船，讓我國海巡人員能夠運用性能優異的巡緝艇，在遼闊水域安全又有效率地完成每一次的高危險查緝任務。

期勉藉由這次《榮耀船說》的出版，讓國人更了解台船的故事，以及台船人「使命必達」的精神。一個人走得很快，一群人可以走得更遠，每一位台船人，都是台灣的無名英雄，台灣人的驕傲。我謹代表行政院感謝台船團隊全力以赴完成各種國家任務，也期盼國人共同支持綠能能源發展，為台灣、為我們的後代建立更加永續的生活環境。

不畏艱困，堅持創新

經濟部部長 王美花

　　綠色經濟是全球發展趨勢，我國也於 2022 年 3 月正式公布「台灣 2050 淨零排放路徑及策略總說明」，宣示與世界共同邁向淨零。離岸風電是再生能源發展的重中之重，台船近年積極發展的海事工程船舶，對於台灣推動離岸風電扮演關鍵助力，也讓我們看見一家 50 年歷史的傳統企業，不畏艱難走向創新與重生。

　　2020 年 6 月，台船著手打造國內首艘離岸風電大型浮吊船「環海翡翠輪」，歷經三年努力，2023 年 7 月正式投入營運。這艘船堪稱海上工廠，載貨面積 8,200 平方公尺，相當於 1.3 座足球場，搭載 4,000 噸等級吊車及 DP3 動態定位系統，相當於可把 3,000 輛汽車吊到 30 層樓高，能協助離岸風場開發廠商進行新型水下基礎，及大型風機運輸與安裝作業，讓

離岸風電的海上施工邁入全新的時代，不再困難重重。

更值得國人驕傲的是，環海翡翠輪是全球第二大風電浮吊船，過去多半只有歐洲廠商能打造這種海事工程船隻，但台船做到了自行設計與建造，從傳統老船廠蛻變重生，迎接永續新時代新挑戰，勇於創新，開創不一樣的台船新風貌。

尤其環海翡翠輪自開工打造以來，遭遇國際原物料大漲、人力短缺與新冠肺炎疫情等一連串的挑戰，台船還是克服了重重困難，完成使命，於 2023 年 7 月如期提供中能及海龍的風場需求，未來還有非常多的離岸風電案場需要翡翠輪上場，為台灣打造良好的再生能源產業。尤其目前國際間能有 4,000 噸搭載量的海事工程船很少，再加上俄烏戰爭暴發，天然氣短缺，歐美國家紛紛投入發展離岸風電，造成海事工程船急缺，環海翡翠輪的重要性更是不言可喻。

離岸風電是全球推動淨零轉型非常重要的路徑，相對成熟且具商業化，我們期待台船在未來台灣離岸風場的產業鏈中，發揮更大的力量，帶動離岸風電的蓬勃發展，達成我國能源、產業與環境永續的能源轉型願景。

台船是海洋國家台灣
的關鍵力量

台船董事長 鄭文隆

　　1973 年，在高雄小港區的海邊魚塭及蔗田區，十大建設中的大造船廠，拉開了在台灣發展的序幕。完整的船廠規劃，配合台灣經濟發展需求，也合併了遠在基隆和平島，從日據時代就已存在的基隆造船廠，將全台的船舶生產能量集中至高雄臨海工業區的中船公司高雄廠內，和平島的船廠則轉化為較小型船舶的次要生產基地。

　　1973 年，是我還在大學受業的時代，當時的大學畢業生，莫不以畢業後進入十大建設服務為最光榮的選擇，以機械類專長科系為例，大都以進入中船公司為第一志願，我們也因此網羅了一批極為優秀的人才，奠定了公司技術能力的基礎。

建廠後的前 20 年，船廠大抵以施工建造為主，各式設計圖由外面公司取得後，交由中船執行建造。然有識之士不以此為滿足，遂於民國 80 年代前後，走出了自行設計的路，開啟了由設計、購料到施工的完整造船能量。

　　配合國防的需求，中船開始進入軍艦建造的領域。初期仰賴了不少美國的協助，獲得造艦相關技術，建立了近年來我們可以自己設計、自己建造軍艦的能力，如光華 6 號系列飛彈快艇、磐石軍艦、玉山軍艦等。

　　2001 年是中船公司慘痛的一年，更是台灣造船產業衝擊甚大的階段，起因在於我國的造船產業規模經濟不足，加上台灣歷經經濟奇蹟的那段時間內，產業不斷的升級，原本即已脆弱的 3K 造船產業，受到國際造船市場蕭條的影響，威脅中船公司的生存，因而進行了再生計畫，裁了將近一半的員工，雖保住了公司的生存，卻也大肆打擊了造船產業在大學培訓的競爭，造船系所開始沒落，造船領域乏人問津，師資及學生來源均減少，造船業負面循環的現況，至此益形嚴重。

　　2008 年金融海嘯發生後，全球經濟狀態丕變，剛取得生存利基及正名的台船公司，又重現了苦命孩子的輪迴。於此

同時，中、韓、日的造船業在其政府政策大力扶持下，壟斷了全球九成以上的市場，嚴厲壓縮了台船公司在國際的生存空間。

苦撐、想辦法活下去，是台船唯一能做的堅持。

2016 年，政府推出了 5+2 產業政策，其中國艦國造及綠能產業中的離岸風電，讓我們看到了希望，是以啟動了轉型的努力，開始了這個由國營轉成民營，但仍帶有濃濃國營包袱公司的大轉型工程，我們爭取了新型船塢運輸艦、救難艦、國造潛艦（ IDS）原型艦等海軍釋出的計畫，建立了離岸風電海下基礎樁的生產線，成立台船環海風電，企圖進入海工市場，並承造了海洋工作船環海翡翠輪，這些計畫皆屬於原型艦概念，是台船過去沒有經驗的領域，帶來的財務壓力可想而知。

由於軍艦量體有限，要撐起船廠及相關產業鏈實在不足，為了維持我國造船產業鏈不致流失，台船幾乎努力爭取各種能承造的船舶業務，建立起不少以往沒有做過的技術，將台船的造船能力由以前的貨櫃船、散貨船、油品船，擴展至半潛船、海洋巡護船、海洋研究船、巡緝艇、實習船等多元的領域，尤以海下基樁、IDS 潛艦等計畫更促使台船在焊

接、精密加工技術上更上一層樓。海工船一案雖讓台船付出極大額外施工成本，卻也提升我們的造船工藝，讓歐洲海工界及我國政府高層對台船有了新的評價。

近年來台船致力於轉型，將觸角伸及轉投資公司的發展及輔導，台船環海風電、台船動力、台船防蝕，就是未來輔助公司轉型的主要力量。

2023 年是台船建廠 50 週年，6 月我們完成了環海翡翠輪（Green Jade）的建造工作，7 月開始了台船環海風電公司的中能離岸風場海上基礎安裝工作，啟動我國離岸工程新紀元。9 月底我們舉辦國造潛艦海鯤軍艦的命名及下水典禮，讓全世界看到台灣、看到台船。年底我們將迎接 50 週年慶，謹請遠見天下文化出版社邀訪部分同仁，記述台船 50 年來的辛苦發展，留下珍貴的紀錄。

凡走過必留痕跡，台船公司是支撐台灣身為海洋國家不可或缺的關鍵力量，這 50 年的路走得極其辛苦，但亦極其榮耀，《榮耀船說》一書將為台灣這個海洋國家在發展歷史中，留下堅毅辛酸及輝煌璀璨的一頁，爰以為序。

圓一個造船的夢想

回顧台船在1970年代成立的背景，一方面是支援國防，一方面是國際上基於成本考量，造船基地逐漸從歐美轉移到日本、再轉移到亞洲其他地區。當時中國大陸尚未開放，台灣和日本正好有地緣關係，因此日本開始將一部分造船任務轉移到台灣代工，日本自己仍掌握設計和核心物料供應鏈。

扮演關鍵的火車頭工業

台船董事長鄭文隆分享，無論是農林漁牧、工業還是服務業，都需要船舶提供國內外的貨物運輸，特別是對於台灣這樣一個資源相對有限的海島國家而言，幾乎所有產業都與運輸脫不了關係，如果無法藉由船舶運輸乾貨、礦油、天然氣和貨櫃等各種貨物，經濟活動勢將停滯不前。

而造船業涉及設計、材料、裝備等領域，可帶動相關產

業鏈的發展，尤其是軍艦製造方面，國家政策鼓勵國產軍艦和戰鬥系統的發展，對於國內的軍工業和裝備供應商提供重要商機，另外船舶在建造之後，還要與其他廠商合作，進行設備的整合和驗證，可衍生更多的經濟效益。

與台船一起走過超過半個世紀的總經理魏正賜，一路見證了台船與台灣造船業從零到有的發展歷程。他坦言，造船產業是所謂的 3D（Dirty、Dangerous、Difficult）產業，在所有國營事業中，台船也是最辛苦的一家公司，所幸同仁骨子裡都有種不怕困難、使命必達的特質，因此能夠順利走過高低起伏的歲月。

現任台船副總經理兼發言人周志明，本身是台大造船工程學系（現為工程科學及海洋工程學系）畢業、並取得美國密西根大學造船及輪機碩士，曾任台船業務處與設計處主管，也強調：「造船業是關鍵的火車頭工業。」

根據台灣區造船工業同業公會提供的統計資料，國內造船業的產值大約在新台幣 600 億元左右，近年來商船的產值呈現下滑，但軍艦部分則持續增長，此一趨勢恰與台船的發展方向頗為一致。

但商船的市場潛力仍相當驚人。根據法國海運諮詢機構 Alphaliner 的統計資料，台灣多家本土航運公司，均躋身全

球前二十大，其中長榮海運排名第六，陽明海運排名第九，萬海航運排名第十一，德翔海運排名第十九，這 4 家公司的貨櫃航運量就占了全球的十分之一，顯見台灣的航運公司在全球貨櫃航運市場占有重要地位。

對於這些航運公司來說，採購船舶通常是全球範圍內的船廠競爭，其中價格、技術、品質、交船時間、造船地點等都是重要評估因素，台灣本土造船廠如能發揮競爭力，絕對是台灣航運公司安心且安全的重要選擇。

受到天時地利人和影響的產業

「不過，台船成立時的理想很豐滿，但現實卻很骨感！」台船前總經理陳豐霖感嘆地說。他畢業於海洋大學輪機工程學系，1976 年考進台船，進入設計處，爾後歷練過各種職務，包括生產管理、公關、國會聯絡等不同部門，也從事過總務、祕書、企劃、業務、物料管理、軍艦設計等工作，經驗相當豐富。

陳豐霖觀察台船的發展，除了國際市場需求不佳、業務開發受阻，台船成立之初沒能考慮國際產業分工鏈、船塢彈性及規模經濟等問題，缺乏自主設計能力和物料供應鏈、規模經濟不足，也是公司處於起伏狀態的原因。

　　另一方面，船舶製造業的經營狀況和景氣息息相關，經濟好壞和貿易順暢程度都會影響訂單量，景氣好時可以賺取豐厚利潤，但景氣不佳也可能出現大量虧損，因此營運表現隨景氣波動的幅度頗大。

▲ 全球前20大貨櫃輪航商中有4家來自台灣，
　 其中就包含陽明海運。（圖片來源：台船）

例如遇到石油價格崩盤時，導致許多鑽油平台停止運作，減少對油輪的採購需求，造船合約就會受到影響，交船受到延遲甚至取消。船廠的產線是串聯生產，前面一個卡住就會影響後續船舶的生產作業，造成連鎖反應。

2008 年造船業處於顛峰，全球有超過 900 家船廠活躍其中，建造各種噸位及型態的船舶，但在金融危機後景氣反轉直下，許多船廠都不支倒地，轉變幾乎就在一夕之間。

此外，匯率也是影響船廠競爭力與獲利的重要因素，例如當日幣貶值時，日本船廠就利用匯率優勢吸引了許多訂單，相對也會排擠到台灣的造船業，但當日幣逐漸升值時，日本船廠就無法以具競爭力的價格銷售船舶，因此陷入困境，南韓的船廠也是如此。

近年來，貨櫃航運和造船業都有復甦跡象，但新台幣升值對台灣造船業帶來了一定挑戰，整體的競爭情勢仍要看各國匯率的相對強弱勢狀況而定。

本土供應鏈的完備度

2018 年時，全球主要的商船造船國家是中國大陸、日本和南韓，其產量合計約占全球的九成，台灣則排名第六，雖然落後上述國家，但台灣主要專精於商船中比較高階的貨櫃

船，在造船技術上仍有不錯水準。

放眼國際造船業，日本、南韓和中國大陸表現良好的重要原因，是他們具有完整的供應鏈，從鋼板、電纜、裝備到主機引擎、通訊雷達……，都能在國內取得。相較之下，台灣的供應鏈較不完備，許多重要組件和設備包括引擎、發電機、重要幫浦和吊車吊具等，都得仰賴國外進口，對國內造船業的競爭力影響不小。

「即使近幾年航運業碰上百年一遇的好光景，造船業也沒能雨露均霑，」鄭文隆感嘆地說，商船訂單過度集中在中、日、韓三個國家，尤其在 2008 年金融海嘯之後，商船需求由盛轉衰，能夠存活的造船廠愈來愈少。根據丹麥船舶金融公司統計，全球船廠手持至少一艘上千噸新船業務訂單的，2008 年有高達 934 家，2017 年僅剩下 358 家，當時更預測 2022 年後將縮減到 64 家，惟後來遇到蘇伊士運河長賜輪卡船事件，造成航運界百年一見的缺船現象，才讓船廠倒閉，風潮沒有繼續下去。

「儘管台船的技術和聲譽在造船界很強，但成本仍是一個挑戰，」周志明坦言。他建議，台船應該發揮「母雞帶小雞」的角色，與國內裝備供應商合作，以較低的價格購買裝備，然後加上一些控制程式和包裝後，以更高的價格銷售，

這樣才能真正掌握整個價值鏈，提供整合的解決方案。

有鑑於商船的本土供應鏈不夠完整，近年來在國艦國造與離岸風電項目中，政府與台船都積極推動本土化，希望在國內採購並在技術上升級。

事實上，台船在國內已有一些常規合作夥伴，一方面由物料部門負責開發供應商，一方面也由資訊部門開發系統設備，並與國內供應商緊密合作。周志明表示，台船希望結合國內供應商與自家的品牌及系統，讓台灣軍艦擴大使用國內裝備；另一方面，將商船技術應用擴展至軍艦等其他項目，可增加採購規模，吸引國內供應商投入生產。

強化留才育才

半個世紀以來，台船培育出許多優秀的技術人員和工程師，現在船業很多總經理與高階主管，都是從台船轉職過去的，表現得非常出色，魏正賜對此相當自豪；他強調，台船能夠屢獲國內外船東客戶青睞，除了專業技術與人才到位以外，誠信的企業文化也是重要關鍵。

鄭文隆也說，台船擁有全台灣最強的銲接與鐵工技術，過去經常是各種技能競賽的常勝軍，可惜老將紛紛退休，中間又有長達十五年的人力斷層，年輕人才還沒能獨當一面，

生產力確實有所下滑；為了強化專業知識與經驗的傳承，台船著手建立傳承委員會，請各單位挑選重點項目，由老師傅傳授給年輕一輩，使得這些寶貴經驗得以流傳下去。

事實上，隨著產業型態及就業環境的變化，台灣的造船業面臨人力不足的嚴重問題，儘管科技進步，許多船舶操作均由電腦控制，但機電技術和高階技術人才仍相當重要；不可諱言的是，造船業的工作環境難以吸引人才，部分船廠開始招聘外籍人力和尋找國外合作夥伴，但整體來說，人力資源的挑戰仍相當艱巨。

因為出路的關係，過去幾年間，台灣的大學紛紛將原本的造船相關學系更名，導致造船相關專業的學習機會進一步減少。因此，「 台船學院 」扮演的角色就日益重要，提供所需的培訓和證照，藉以培養自己的人才。例如因應勞動部的新規定，針對起重車這個專業新增操作培訓課程，不僅訓練內部人才，也計劃為外部組織提供相關服務。

台船學院成立於 2017 年，前身是訓練中心，曾經培育無數的電銲、冷作、鉗工、車床等人才，學員完成培訓後，就會根據不同工種分發到不同的生產單位，剛結業的學員必定會有一位師傅親自指導他們，可能是船體、艤裝或塗裝的師傅。

　　周志明強調，台船學院在學術界和業界之間的連結非常重要，未來計劃與船長等外部航運人員合作，提供更多實務經驗的傳承，另外也希望能擴展到其他行業，為更多產業的人才服務。

　　關於人才這一點，陳豐霖也大有所感，他說：「台船的員工很可愛，歷經裁員減薪和民營化，即使遭遇困境仍堅持努力，一直很有使命感。」他觀察，在十大建設時期，台船員工對公司普遍有很高的認同感，後來因為市場競爭與經濟

▲ 走過50年，台船除了繼續傳承造船產業的使命，同時更積極展開多角化的營運布局。
（攝影：黃鼎翔）

規模等問題，公司陷入虧損，確實面臨人才流失及文化落實的危機。

　　陳豐霖表示，一家公司需要持續承接責任，培養接班人，文化才能落實，招募新人之後，要讓他們認同公司的價值和度量心胸，尊重其創意和精神，解釋目標並允許不同的方法，年輕人才會願意留下來打拚；然而，國營事業的企業文化仍存在，加上產業型態與少子化，造成員工流動率高，人才難覓，這方面還要繼續努力。

掌握核心競爭力，擴展多元事業

　　現階段的台船，國艦國造已占整體營收六成，商船約占兩成，離岸風電和其他則占另外的兩成。周志明強調，不管是商船、軍艦或離岸風電各種領域，造船本身仍是核心技術，包括設計、鐵工、電銲、塗裝、電工、系統整合等工作，仍是台船培育技術人才最重要的方向。

　　台船的關鍵技術主要涵蓋兩方面。首先，設計部門負責設計和整合硬體裝備，是產品功能性的重要推手，以確保規格性能符合要求。早期台船純粹是一個製造廠，都是從外國買圖，再按圖施工，自 1990 年起積極投入設計與研發，開始建立自主設計的能量，鄭文隆認為，建立台船從設計到製

造的完整能力，是相當重要的分水嶺。

其次，硬體施工是造船業非常重要的步驟。台船具備世界知名的電銲技術，在塗裝方面也領先布局。在 1990 年到 2000 年間，台船為了強化船舶的防蝕能力，陸續投資了 6 間塗裝噴砂廠房，專門處理船段噴漆前的鋼板表面，使用鋼礫來噴砂、去除鏽蝕及髒汙等，並為其提供表面粗度，讓油漆得以更好地附著；很多船東都告訴台船，他們製造的船艦在交付很多年之後，船艙的狀況仍可保持良好。

因為台船的防蝕品質遠近馳名，在二手船市場上，台船的散裝貨輪比起一般散裝貨輪價格更高，無疑是業界對台船塗裝能力的最佳認證。

此外，台船對系統整合方面也相當重視，由專職的設計部門操刀。周志明指出，以前的設計幾乎都是彼此獨立，但現在許多東西都要靠電子控制，透過通訊來整合各種系統元件，告訴它們要執行的動作。台船在系統整合的經驗與能力，對整體競爭力也相當加分。

「相較於民營公司會考慮成本，在材料選擇與品質上會有所取捨，台船做為國營公司，堅守誠信原則，不偷工減料，儘管成本較高、可能會影響獲利，但為了公司聲譽與客戶永續經營，這樣的堅持還是值得！」周志明自豪地說。

傳承造船使命

　　50 年前，台船從造船的夢想出發；但現在的台船，不管是格局或視野都已截然不同，不僅是將台灣造船產業的命脈傳承下去，更要支持政府國艦國造及能源轉型的重大政策，積極展開多角化布局。

　　「我們公司的標誌上有三種顏色，紅色代表競爭激烈的商船紅海市場，藍色代表國內的藍海市場如國艦國造，綠色代表離岸風電市場，」周志明清楚勾勒了台船的發展重心與未來願景。在天時、地利、人和這些條件中，有許多不可掌握的變數，唯一可以掌握的就是持續精進造船核心技術，未來不管是面對舊行業與新事業，都能夠持續保有世界級的競爭力。

啟航

1

今日在國際造船業頗具盛名的台船
儼然就是一部台灣造船史
而如此精采豐富的故事
要從50年前的日治時期
一座魚塭旁的小廠區開始說起……

在魚塭
建起造船廠

台船的公司歷史，其實就是台灣造船業縮影。從二十世紀日治時期起家，經歷艱難混亂的時期，今日已是擁有高雄、基隆兩大工廠、客戶遍及全球的國際企業。

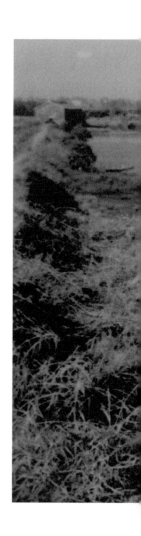

　　1973 年，「中國造船公司」在高雄成立，後於 1978 年與基隆的「台灣造船公司」合併，成為橫跨高雄、基隆的造船廠，並在 2007 年更名為「台灣國際造船公司」。所以從歷史脈絡來看，台船可上溯自 1918 年基隆「木村鐵工所」所建造的船塢，後經過不停的改組、收購，於 1948 年成立「台灣造船公司」，成為台灣主要的造船事業公司，直到 1973 年，才改由「中國造船公司」接下重擔。

　　也因此，台灣國際造船公司的歷史得從日治

時期談起，主要舞台是當時的第一大港：基隆。基隆地區
除了擁有港口外，礦產也是相當豐富，所以日本在台的礦業
家木村久太郎於 1916 年在基隆設立「木村鐵工所」，一開

▲ 台船從高雄的一處魚塭起家，在半世紀的
　造船產業史中，寫下一篇篇精采的故事。
　（圖片來源：台船）

始不是為了造船，主要業務是修理金瓜石一帶的採礦機器。1918 年，在日本政府的命令下，木村鐵工所開始建造船塢，修理港內浮橋與船舶，也是台灣國際造船公司的初始。1922 年，在台灣總督府扶助下，改組為「基隆船渠株式會社」，但主要目的僅為港內船舶的修理，還談不上造船。

台灣造船事業的真正開展，是為了日本政府的南進政策。1936 年，台灣總督恢復由軍人出任，新任武官總督小林躋造宣示日後台灣的發展策略為「皇民化、工業化、南進基地化」，以台灣為基地，向南洋出發。在此情形下，勢必要扶植台灣的造船事業，讓台灣能自己造船。於是在 1937 年 6 月，由日本造船業最重要的三菱重工業株式會社主導，配合台灣銀行、台灣電力株式會社、日本郵船、大阪商船及基隆礦產大亨顏欽賢家族等，共同出資 300 萬圓創辦「台灣船渠株式會社」，並收購原來小有規模的「基隆船渠株式會社」，成為台灣最重要的船廠。[1]

台船的成立與發展

日本戰敗後，中華民國政府接收日產。1946 年 5 月 1 日，「台灣船渠株式會社」與高雄的「株式會社台灣鐵工所」、「東光興業株式會社」合併成立「台灣機械造船公司」。但

為時不久，1948 年，政府還是決定將基隆與高雄分開經營，基隆的是「台灣造船公司」、高雄的是「台灣機械公司」（簡稱台機）。台灣造船公司再度以基隆為基地運轉，[2] 高雄的台灣機械公司後來也成立造船廠，成為 1973 年中船成立前，高雄最重要的造船公司，直到 1997 年才結束。

對於中華民國政府而言，造船是在中國大陸時期積極想要發展的產業，所以戰後主導國家工業發展的資源委員會在上海設立「中央造船公司籌備處」，希望藉由日本三菱重工業造船廠的賠償拆遷，興建現代化的造船廠，因此集合了一批造船人才，但在賠償拆遷尚未展開前，先前往台灣造船公司支援，1948 年 4 月，中央造船公司籌備處主任周茂柏兼任台船總經理，中央造船公司籌備處副主任李國鼎、朱天秉則擔任協理，中高階主管也多由外省籍擔任。[3]1951 年周茂柏升任董事長、李國鼎升任總經理，台船也開啟以外省人為領導骨幹的階段。

從 1950 年到 1956 年，台船擺脫戰時陰影，開始設計與建造新船。經過多方考量，李國鼎於 1952 年與日本石川島播磨重工業株式會社（IHI）進行造船技術合作，在這段期間，共新建 24 艘船，但最大為 350 噸的漁船，並承做修船及機械製作的業務。[4]

但台灣造船的目標，是希望能建造大型輪船，此時最搶手的是油輪。國內石油需求逐年增加，但中油公司缺乏足夠的油輪運油，因此希望能租用或是建造油輪使用。而 1956 年發生的中東戰爭，導致蘇伊士運河關閉，船隻需要繞行好望角航行，對船東而言，既然要多花時間繞行，就希望油輪愈大愈好，這也使得國際間對大型油輪的需求增加。[5]

殷台公司時期

在此原因下，與中油熟悉的中國國際基金會（China International Foundation, Inc.）和美國殷格斯造船廠（Ingalls Shipbuilding）合作，再加上台灣的航運界，合組成為一間「殷格斯台灣造船及船塢股份有限公司」（Ingalls Taiwan Shipbuilding and Drydock Co.），[6] 向台船租借廠房，以興建 2 艘 3.6 萬噸的大型油輪租給中油公司，由於可以完成台灣興建萬噸級大型輪船的心願，因此政府也批准此案。

1956 年 11 月 1 日，台船與殷格斯公司簽約，將廠房、船塢與器材，全部租賃給殷格斯公司，成立殷格斯台灣造船廠股份有限公司（簡稱殷台公司），租期 10 年，每年租金 12 萬美元，[7] 第一項工作就是興建 2 艘 3.6 萬噸級油輪。

殷台公司在美國技術的支援下，於 1959 年 3 月 6 日，

順利完成台灣第一艘萬噸級油輪：3.6 萬噸級「信仰號」，由副總統陳誠主持下水典禮。1960 年 5 月 21 日，第二艘 3.6 萬噸級的「自由號」也順利下水，實現台灣建造萬噸級輪船的心願。

　　但殷台公司成立的主要推手——中國國際基金會爭議不斷，經營也不盡理想。1960 年，第二艘萬噸油輪自由號下水後，就傳出要結束營業的報導，雖經其高層出面否認，[8] 但兩年多來虧損高達新台幣 5 千萬元，更因國際航業不景氣，船價大跌，在自由號完工後面臨無船可造的窘境，[9]1961 年 12 月，殷台公司傳出要資遣員工，但資遣費發放方式引起員工不滿抗議，[10] 雖經市府協調落幕，[11] 後又於 1962 年 1 月 26 日，因廠方無法發放年終獎金，全廠罷工，[12] 也引起當年社會震驚，後在勞方退讓下，於 29 日復工，[13] 但年終獎金最終還是無法發放，可見其經營的困難。[14] 到了 1962 年 8 月，美方終於無法支撐，以合約中規定滿 5 年後，可請求對方終止租約的條款，要求退出經營，台船方面則決定於 1962 年 9 月 1 日恢復台灣造船公司，王世圮為董事長。[15]5 年的殷台時期，就此宣告結束。

　　台船收回自營後，受到殷台事件的打擊，許多優秀員工都離職，管理階層也異動頻頻，營收自然不佳。直到 1964

年年底，曾任職台船的李國鼎就任經濟部部長後，決定整頓台船，於 1965 年 3 月找來出身海軍的王先登接任總經理，才讓台船漸漸回穩。

建造 10 萬噸油輪

台船自營後，就改變殷台時期以造船為主的策略，恢復造船、修船、製機三元並進的方式。王先登上任後，從 1965 年開始與日本石川島播磨重工業再續前緣，簽訂技術合作，加強造船技術。此時，前述的石油需求仍未停止，中國石油公司計劃減少租用油輪，改為自建大型油輪，政府也決定要用政策來支持造船事業，因此在 1966 年 5 月，決議將大型油輪興建案交由台船執行，台船與石川島播磨重工業討論後，決定興建 10 萬噸級油輪，為迎接此案，台船也在 1968 年興建 10 萬噸級船塢。

由於台船的設備才剛開始擴充，來不及趕上中油的急迫需求，因此第一艘「伏羲號」委託石川島播磨重工業建造，台船也派人前往參與工作並訓練，伏羲號於 1969 年 1 月 31 日在日本交船，由於油輪過於巨大，當時的高雄港沒有足夠深的碼頭，還必須在大林蒲外海從浮筒上卸油。

繼伏羲號之後，「有巢號」是首艘在台灣建造的 10 萬

噸級輪船,該船在 1969 年 9 月 1 日安放龍骨時,當時的行
政院副院長蔣經國、財政部部長李國鼎、交通部部長孫運璿
均出席,其在 1970 年 10 月 3 日的完工典禮,由副總統嚴家
淦主持,媒體也大肆宣傳,可見政府高層對此相當重視。

　　接下來的「神農號」、「軒轅號」、「嫘祖號」,除了
「軒轅號」是在石川島播磨重工業興建外,神農號、嫘祖號
都是在台船興建,這 3 艘分別於 1971 年 5 月 25 日、1970 年
6 月 25 日、1972 年 5 月 9 日下水,[16] 也證明在經過石川島播

▲ 由於「有巢號」是第一艘在台灣製造的
　10 萬噸級輪船,下水儀式特別受人矚目。
　(圖片來源:台船)

磨重工業的技術指導後，台船的造船能力，讓政府有自信執行規劃中的大造船廠計畫，而王先登在台船的優異表現，使他成為這個大造船廠計畫的領航員。

高雄港擴建與大造船廠計畫

在基隆的台船雖然於 1960 年代晚期繳出不錯的成績，但是政府想要興建大造船廠的心願未曾停止。1965 年美援結束前後，政府開始思考未來經濟走向。而當時帶領台灣工業的高雄，也從 1958 年起進行高雄港的擴建計畫，希望能夠將高雄的工業港區向南延伸，並於 1961 年設立「南部工業區開發籌劃小組」，利用因擴建工程而產生的新生土地建立工業區，而第一期開發中最著名的，就是加工出口區及第一個貨櫃中心，兩者均為影響下一個階段台灣經濟極為重要的建設。

南部工業區第一期開發完成後，籌劃小組於 1968 年開始規劃第二期發展計畫，稱為「南部工業區後期計畫」。此期計畫規模非常龐大，包含五大工廠：海綿鐵工廠、大鋼廠、火力發電廠、油港、大造船廠，[17] 後來除海綿鐵工廠外均一一落實，南部工業區也因為過於龐大，1970 年 1 月更名為高雄臨海工業區。[18]

此重要計畫為何納入大造船廠，主要因為造船工業是「火車頭工業」，是一種技術、資本、勞力密集的工業，與重工業、精密機械、發動機、材料、電子電機設備及其他工業均息息相關，政府希望藉由發展造船工業，帶動上述各項產業。除此之外，台灣為海洋國家，需要眾多船舶，鄰近的日本當時已成為世界造船第一大國，南韓也在積極發展，都會影響台灣。最後則是長年的備戰需求，造船本是國防工業一環，1970 年代後，台灣的工業有意朝向國防工業發展，[19]而高雄港擴建的工業區，在天然條件上，又相當符合船廠的需求，在此情形下，大造船廠就成為政府的重點發展建設，後來也被列為「十大建設」之一。

這個高雄港內的大造船廠計畫，最早是在 1967 年（民國 56 年），由香港船王董浩雲的海外航業公司、日本三菱重工業、省政府及公營事業三單位各投資 200 萬美元，共 600 萬美元成立造船廠，以修船為主，[20]此案在 1967 年 12 月 21 日通過行政院院會，並取名為「中華造船廠」。[21]

董浩雲發跡於上海，戰後轉至香港發展，旗下「東方海外」（OOCL）是世界知名貨櫃運輸公司，在台灣也有「中國航運公司」，而日本三菱重工業則是重要的造船公司。董浩雲希望以當時租給日本三菱重工業的 10 萬噸級浮塢「中

山號」做為投資，由日本拖來高雄港以供新公司使用，但後來此計畫並未實行，其放置船塢之地，也就是今日台船廠區的一部分。

規劃採用大型船塢

除「中華造船廠」，海軍也曾提出「勝利計畫」，在1969 年 10 月委託日本三菱重工業評估在高雄港區設置大造船廠的可能性，三菱重工業後來提出第一造船廠及第二造船廠 2 個計畫，第一造船廠位於旗津，希望以旗津半島的八號船渠籌建大型造船廠，並徵詢台船人員的意見，王先登也曾率台船重要幹部到旗津實地勘查，但認為該計畫有所困難。[22] 第二造船廠則位於小港，大約是後來中船建廠的位置，三菱重工業當時表示以第二造船廠為優先，但是這個計畫也未執行。[23]

除了三菱重工業，與台船關係良好的日本石川島播磨重工業也曾在後述競標中提出規劃案，其規劃書中特別分析了當時的國際造船大環境，認為船舶為追求更大量的原油及鐵礦運輸，將逐步巨型化，20 萬噸的油輪是標準規格，而昔日船廠已無法應付 20 萬噸以上油輪的製造需求，船商遂開始在各處尋找新船廠，因此石川島播磨重工業肯定政府要在高

雄打造新船廠的計畫，[24] 這也是後來中船船廠規劃採用大型
船塢的主因。

中船的誕生

　　1970 年 5 月 22 日，行政院財經會報中指示，「籌建南
部高雄造船廠以進一步發展國內造船工業」，奉此指示，
經濟部成立專案小組籌建，並訂定合作計畫，初期共有汎
亞造船公司、汎航公司（包含英國司溫漢登造船廠 Swan
Hunter、以色列聯合開發公司 U.D.I、汎航公司 Pan Maritime
Co.）、日本川崎重工業、日本石川島播磨重工業、日本三菱
重工業、旅美僑商 TDV 公司、豐國造船公司、美國鋼鐵公
司表達意願，後三菱重工業、TDV、美國鋼鐵表示無意願，
豐國造船則經評估不適宜，僅剩 4 家，於 1971 年 9 月 2 日
行政院院長嚴家淦召開的會議中討論，最後決定與汎航先行
協商。[25]

　　由於汎航內有以色列的資本，引起沙烏地阿拉伯及約
旦的抗議，甚至危及對台灣的石油供應，但在 1971 年 12 月
23 日的會議中，蔣經國指示：「經濟發展固然應考慮國際
外交問題，但若以外交因素，使經濟發展受到太大約束，就
必須權衡檢討。」支持繼續與汎航協商，只是先排除以色列

資本，直接與司溫漢登造船廠合作，可見蔣經國對於建造大造船廠的決心。[26]1972 年 4 月成立「高雄造船廠籌備處」，由台船總經理王先登兼任籌備處主任，仍與英國的司溫漢登造船廠合作，以一次訂造 32 艘 25 萬噸油輪為條件，進行協商，但 1972 年 9 月 14 日政策轉彎，蔣經國在會議上指示改與美國惠固（Oswego）公司合作。[27]

這次的變化，主要是王先登透過旅居英國經營康莎航業公司（Expedo）的許邦友介紹，認識主持美國 MTL 航運公司的陳桀元博士。當時 MTL 正想委託船廠興建 36 萬噸油輪，後來也表示可以投資中船 20％的持股，並興建 10 艘大油輪，但因美國法規規定，海外投資必須要高於 25％股份，才能獲得美國政府協助，因此 MTL 決定要提高投資比例，也不排除與英國司溫漢登合作。

反而是台船對司溫漢登的財務結構有疑慮，在獲得 MTL、康莎等公司支持後，評估民股部分不成問題，於是終止與司溫漢登的合作，改與同樣由陳桀元擔任董事長兼總經理的惠固公司共同組成新公司。[28] 但陳桀元在當年經營不善的股台公司中同樣扮演重要角色，此次二度成為台灣造船業與國際合作的推手，自然引起諸多討論。[29]

台船方面由籌備處主任王先登赴美與惠固公司討論籌組

新公司事宜，雙方於 1973 年 3 月 22 日完成投資合作協議的簽署，計劃新公司每年建造超級油輪 4 艘，初期由惠固公司訂造 36 萬噸油輪 6 艘，總投資額為 11 億元，惠固公司投資 25%、政府占 45%、其他國內外民營公司占 30%（開隆公司 10%、中央投資公司 10%、聯合公司與康莎公司各占 5%），董事長人選由台船決定。[30]1973 年 7 月 27 日，「中國造船股份有限公司」成立，首任董事長兼總經理為王先登。

艱辛的建廠工程

中船初建廠時，正逢石油危機，因戰事影響所及，石油運輸航路必須繞至南非好望角，因此各航商為降低成本，改以大型油輪運輸，惠固公司之所以投資中船，也是為了搶得大型油輪，原要求訂造 36 萬噸級超級油輪 6 艘，後改為 44.5 萬噸級巨無霸油輪 4 艘，[31]並於 1973 年 11 月 16 日在倫敦簽約，因此中船甫建廠，就已有訂單，但也讓船東對於中船能否順利建廠、交貨，頗感關心。

1974 年 1 月，中船公司開始建廠，其廠址位於高雄市小港區臨海工業區內，大煉鋼廠的旁邊，原為魚塭、蔗田及沿港水域淺灘，廠區共約 83 公頃，其中包括 100 萬噸級船塢、船體工廠、艤裝工廠、管子工廠、電子及鍍鋅工場、油漆工

場、機裝組合工場、鋼料貯存場、碼頭、公用設施、行政大樓、訓練中心、宿舍。其中，最重要的是 100 萬噸級船塢的興建，是當時全世界第二大的造船塢，原本不打算開放日本廠商參與，但後來因歐美廠商圍標，最後經時任行政院院長蔣經國特許，由出價最低的日商鹿島建設得標。[32]

建廠的整地工程是由中華工程公司，土木工程則由「中興工程顧問社」（今「中興顧問工程公司」前身）負責，這也提供國內廠商大型土木工程的經驗，對於日後的技術進步有極大助益。該工程首先碰到的最大難題是廠區的土質，廠區原土地上半段為蔗田、下半段為魚塭，蔗田地土質正常，但魚塭地土質相當鬆軟，因此需要強化此區土質，故要將魚塭地面的稀泥挖除，移填蔗田區的硬土。同樣的問題發生在碼頭區，此區原為淺灘淤泥，需要挖除大量淤泥濬港，才能達成碼頭吃水 10 公尺深的標準，但費用過多，最後經由王先登協調港務局局長李連墀，廠區 100 公尺外由港務局負責，才避免建廠費用過度龐大。

歷經考驗，順利完工

其次是船塢工程的製樁、打樁問題。為了要禁得起船舶重量負荷，需要直徑 600 公釐、長 24 至 29 公尺的基樁共

44

15,000 支，當時國內廠商製作的成品，一經試用均損毀，最
後經日本專家來台輔導廠商，才解決問題。而當時國內的打
樁機設備陳舊，每日只能打 3 支，且經常故障，影響工程進
度，最後由鹿島建設邀集有關廠商，引進荷蘭的震動打樁設

▲ 為了建造出能禁得起船舶重量的船塢，當
時的中船請人透過埋設抽水鋼管等方式進行
整地，以強化土質。（圖片來源：台船）

備，才提升其效能。

而不斷湧出的地下水，也是對工程的一大考驗。由於船塢位於海邊，最深處低於海平面 19 公尺，如何將塢底施工基線以下的海水與地下水排除，讓建塢工程在乾燥情形下施工，為此工程的關鍵。最後運用「點井抽水法」，將許多長6 公尺，管徑 3 至 4 英寸的鐵管插入地下，分階布井，鐵管下端有多孔濾水頭，上端以軟管接在抽水管上，如此將地下水抽排出去，解決此問題。[33]

儘管建廠工程如此艱巨，但在工程人員的努力下，進度超前，從 1974 年 1 月動工之後，原預定 1977 年竣工，[34] 結果在 1976 年 6 月 1 日，提前半年完工，[35] 成為「十大建設」中最早完工的工程，也獲得當時輿論的讚揚。但此建廠的工程，因花費過鉅，造成貸款不停追加，這筆沉重的利息，成為中船日後揮之不去的夢魘，這也是當時在慶祝時萬萬沒想到的。

建廠完成之後，2 座 350 噸的門型大吊車成為象徵中船的地標。其跨距為 177 公尺、高度為 87 公尺，重達 3,800 噸，光是橫梁就 2,500 噸，直柱中設有電梯的吊車，由長期與台灣船廠合作的石川島播磨重工業承建，並於 1976 年 5 月順利完工。[36]

在 2014 年的 331 風災中,這 2 座大吊車在強大風力下相撞而造成損毀,甚至影響當時業務,加上吊車已經老舊,也開啟汰換的計畫,但受限於小港機場的航空限高,主管單位不允許更換,經過各單位協調才獲得許可,在原址原高度更新為 800 噸的新吊車,日後也將會有新的地標型吊車出現在廠區。[37]

大油輪的誕生

籌備時所簽訂的 4 艘 44.5 萬噸巨無霸油輪訂單,雖然讓中船一開始就有訂單,[38] 但 44.5 萬噸級大油輪不僅是當時全世界第二大船型,也是至今台灣建造過最大的船。為了及時交貨,中船必須一邊建廠、一邊造船,這對從未建造如此巨大船隻的台灣來講,可說是一大挑戰,惠固公司也對此格外關注。

以台灣為主的工程及造船技術人員,用實力證明一切。不但造船廠提早半年完工,油輪的建造也按部就班,完成目標。為了準時交船,1975 年 8 月 20 日,建廠作業進行到一半時,台灣有史以來最大的油輪建造工程:「柏瑪奮進號」就開始動工,[39]1975 年 11 月 18 日安放龍骨,[40]1977 年命名下水,同年年底完工交船,歷時 28 個月。第二艘「柏瑪企

業號」由於施工漸趨熟練，效率提高，工期縮短為 22 個月。
[41] 這 2 艘大油輪的順利建造完成，加上造船廠提前完工，讓
中船成為十大建設的標竿。

造船技術與能力獲肯定

　　「柏瑪奮進號」這艘台灣有史以來所建造過最大的船
隻，究竟有多大呢？它全長為 378.41 公尺，寬 68.05 公尺，
深 31.6 公尺，設計吃水 25.04 公尺，457,838 載重噸，主甲

▲ 「柏瑪奮進號」是台灣有史以來所建造的
　最大船隻，足以證明中船的技術深獲肯定。
　（圖片來源：台船）

板面積 2 萬 2,500 平方公尺，相當於 2 個足球場面積，自船底至駕駛台頂高約 14 層樓，各式管路全長 25 公里，耗用油漆達 450 噸，使用鋼料約 6 萬噸，打破 2 項台灣造船史的紀錄：一是單船下水量最大，二是單船建造與外銷船舶噸位最大。其長度與高雄市最高的東帝士八五大樓高度相同，甚至比美國的尼米茲級航空母艦還長。[42] 所以這 2 艘巨輪能夠順利興建完成，也說明中船造船技術與能力獲得肯定。

這使得中船在建廠初期看來前景無限，但因國際環境不佳，惠固公司原本訂製 4 艘油輪，但另外 2 艘卻在柏瑪奮進號興建到一半時，1976 年 5 月就宣布取消訂單，[43] 後更將 2 艘大油輪轉賣給英商柏瑪石油公司（ Burmah Oil Co.），這也是 2 艘船名的由來。國際環境的變化，更影響了後來中船的發展。

從資優班
到後段班

中船的建廠，在工程及技術上獲得讚譽，也證明台灣的造船技術能建造大船。但剛好遇到蘇伊士運河關閉及石油危機，不僅造成營運難題，更是日後虧損不斷的關鍵。

　　石油是今日各種動力的主要來源，但在 19 世紀，石油多半僅用在照明，做為油燈的燃料，直到 19 世紀末內燃機發明後，石油成為各種內燃機最重要的燃料，人們才開始對於石油大規模探勘並利用，而隨著各種動力機械的誕生，石油逐漸變成人們不可或缺的能源。

　　中東首次發現石油，是在 1908 年的伊朗，隨後人們發現中東油礦的豐富性，第一次世界大戰（ 1914 ～ 1918 年 ）後，以英、法、美為首的大型石油公司加速在中東石油的開採，今日全世界絕大多數的石油產自該區，但當地種族及政治的複雜性，在第二次世界大戰（ 1939 ～ 1945 年 ）後，逐

步暴發，更釀成多次的危機，也使得全球的經濟陷入動盪。

　　第二次世界大戰後，許多國家紛紛獨立，1948 年猶太人在巴勒斯坦地區宣布復國，成立以色列，引發長期與其敵對的阿拉伯國家不滿，隨即暴發第一次以阿戰爭。以色列雖然獲得勝利，但與阿拉伯地區處於長期對立，其中，埃及新上任的軍事強人納瑟（Gamal Abdel Nasser）也是位民族主義者，站在以色列的對立面，而位處於埃及的蘇伊士運河，更

▲ 1960 ～ 1970 年代的中船，受到國際局勢
影響，以建造大船為目標，並備受期待。
（圖片來源：台船）

是他對抗西方的籌碼。

蘇伊士運河關閉與石油危機

　　納瑟曾參與 1952 年推翻埃及國王的軍事政變，並於
1956 年當選第二任總統，隨即投向蘇聯陣營，並宣布將原來
由英國、法國控制的蘇伊士運河收回埃及所有，導致英國、
法國與以色列聯合向埃及開戰，意圖奪回蘇伊士運河，史稱
蘇伊士運河危機，也被稱為第二次以阿戰爭，最後在美國、
蘇聯出手干預下，英法以聯軍停火，[44] 蘇伊士運河正式由埃
及接管。此次危機導致蘇伊士運河關閉，直到 1957 年才重
新開放，船隻因此須改道好望角，由於石油運輸大多得經過
蘇伊士運河，這使得船東開始思考興建大型油輪，也是前面
所提殷台公司成立時的背景。

　　1967 年，以色列與埃及衝突再起，史稱第三次以阿戰
爭，又稱六日戰爭，以色列擊敗埃及、約旦、敘利亞聯軍，
並占領蘇伊士運河旁的西奈半島。埃及、以色列兩方隔著蘇
伊士運河對望，船隻無法進入，蘇伊士運河再度陷入長期封
閉，這也使得船商再度尋求大型船舶，也就是中船建廠時，
為何要朝建造大型船舶設計的主因。

　　埃及與敘利亞為了復仇，選擇在 1973 年 10 月 6 日贖

罪日時,發動對以色列的攻擊,史稱第四次以阿戰爭,又稱贖罪日戰爭。以色列一開始因遭到奇襲而處於劣勢,後來在美國軍援下反敗為勝,但美國此舉惹怒以阿拉伯國家為主的石油輸出國家組織(Organization of Petroleum Exporting Countries, OPEC),對支持以色列的國家宣布實施石油禁運,此為第一次石油危機,一直到 1974 年 3 月才結束禁運,這段期間石油大漲,從每桶 2.48 美元漲至 11.45 美元,造成通貨膨脹,物價飛漲,歐美經濟遭受打擊,[45] 以色列也與阿拉伯各國停火談判。1974 年,聯合國維和部隊接管西奈半島,1975 年 6 月 5 日,關閉長達 8 年的蘇伊士運河重新通航。

國際局勢影響下的中船

1960 年代後半期及 1970 年代前半期的國際局勢,對於中船建廠及經營有極大影響。1967 年開始的蘇伊士運河關閉,讓全球的船東開始尋求能夠製造大型船舶的船廠,這也讓中船在規劃階段就備受期待,船廠尚未興建完畢就有訂單,因此讓整個船廠以建造大船為目標。但當 1975 年蘇伊士運河開放後,大船反而難通過蘇伊士運河,原來的優勢突然就轉為劣勢。

除此之外,更大的影響是 1973 年石油危機導致的通貨

膨脹，中船在 1971 年規劃的經費僅 11 億元，但通貨膨脹後物價飛漲，11 億元不敷使用，迫使中船不停追加預算，但民間股東也見景氣不好，意願不高，尤其是主要的惠固公司。

1975 年 6 月惠固公司通知，英商柏瑪石油公司原預訂的 4 艘油輪，因為前述蘇伊士運河的變化，有意減為 2 艘，由於當初下訂的船東為惠固公司，所以如何處理惠固公司的違約，中船也煞費苦心。在協商過程中，中船發現惠固公司資產僅約有 1,600 萬美元左右，原投資中船的 700 萬美元也都靠融資暫墊，希望藉由 4 艘油輪的佣金回收，因此也無力於後續的增資。最後，中船決議於 1977 年 7 月 1 日與惠固公司取消雙方的投資合約，惠固公司辭去在中船的董監事職務，將名下全部中船股本轉給中船或其指定人，在將其資本轉移給政府後，政府已超過公司總資本 50％，故中船於 1977 年 7 月 1 日起改為國營。

惠固公司除了放棄中船的股份外，也將 2 艘船：「柏瑪奮進號」及「柏瑪企業號」，轉讓給柏瑪石油公司，使得這 2 艘船的船籍從原來惠固公司的賴比瑞亞，改為柏瑪石油公司的英國。[46]

退出的民股不僅惠固公司，當初發起時的其他民股：英國康莎公司只有建廠初期投入的 3.3 萬元，之後再也沒有投

入任何資金，與其允諾的 0.55 億元相差甚遠。香港船王董浩雲的 0.55 億元與開隆公司的 1.1 億元雖然最後都有到位，但後來隨著通貨膨脹、物價飛漲，建廠初期的資本額 11 億元，分別在 1974 年及 1978 年增資至 22 億元及 44 億元。除了執政黨國民黨的中央投資公司持續投資外，都只能由政府買單，加上大幅提高的建廠貸款，使得中船成立初期，每月的利息負擔頗為沉重，成為當時經營的大難題。[47]

造船寒冬下的因應

中船由民營改為國營後，國際經濟依舊不振，海運市場低迷，自然也就沒有造船需求，全球造船市場訂單由 1976 年的 2,300 萬載重噸，滑落至 1,340 萬載重噸，再加上 1960 年代到 1970 年代造船產業的大量擴張，導致造船市場供過於求，[48] 面對此寒冬，政府需要有所因應，才能度過難關。

當時國營的造船廠尚有基隆的台船，在面臨國際不景氣下，兩者設備利用率都偏低，造船量約 40 萬噸的台船，設備利用率為 45%；造船量約 150 萬噸的中船，設備利用率約 25%，[49] 為避免在國際爭取造船業務時，產生自家人對打的局面，遂於 1978 年 1 月 1 日起，基隆的台船與高雄的中船 2 間造船廠合併，以「中國造船股份有限公司」為名，原

中船董事長王先登繼續擔任董事長，原台船總經理晏海波擔任總經理，總公司設於台北，在基隆、高雄分設 2 個總廠生產，這也是第一起國營事業合併的案例。而中船原本還打算持續擴張，規劃 1979 年興建花蓮、台中港的船廠及高雄廠的修船塢，此計畫經濟部雖通過，[50] 但在中船持續虧損下，也無疾而終。

中船、台船合併後，景氣寒冬依舊，當初中船以建造大型油輪出發，但在石油危機及蘇伊士運河重新開放後，大型

▲ 基隆台船和高雄中船合併為中船，由王先
　登（左一）擔任董事長。這是第一起國營
　事業合併案例。（圖片來源：台船）

油輪需求量大減，反而是中小型的散裝貨輪、貨櫃輪、油輪較多，中船開始承接木材船及運輸輪，如 1978 年到 1979 年間，就完成 4 艘陽明海運 2.8 萬噸的多用途運輸輪及 16 艘 6 千噸木材船，但如此一來，與當初建廠設計有所出入，也讓中船的 100 萬噸級船塢顯得空闊。

除了改變船型因應外，中船也希望能以「多角化」經營，度過寒冬，除了造船外，修船、重機械工業及一般工程服務業，也是其營業重點，[51] 如其與台機合作製造大型高壓鍋爐、[52] 為美商建造之鑽探油台、[53] 以及日後的台北市政府大樓、台大醫院大樓、台電大樓、核四工程、焚化爐等，都是在此模式下的產物。

國輪國造政策

面對國際造船寒冬，雖然中船多方因應，面對沉重的貸款利息，仍被壓得喘不過氣，但造船事業是當時國家亟欲發展的產業，政府此時也在政策上全力相助，要求銀行給予融資貸款，於 1977 年頒布〈貿易、航業及造船配合實施方案〉，希望能達成「國輪國造、國輪國修、國貨國運」的目標。第一期在 1977 年 6 月 30 日實施，預計在 3 年內（1977～1980 年）建造 21 艘、56 萬 8 千 5 百載重噸船舶，

這 21 艘包括 2 萬 8 千 5 百噸級多用途船 10 艘、2 萬 4 千噸級貨櫃船 5 艘、2 萬 8 千噸級散裝貨船 5 艘。[54] 在此之前，政府僅有從 1953 年開始執行「商船汰舊更新計畫」，到 1968 年年底共建造新船 51 艘，但規模遠不如此次。

航運業所需成本甚高，由於建造一艘新船，需投入巨額資金，加上海運市場起伏頗大，等待新船建造完畢的時間，市場如何波動也需要考量，因此船東擬定汰舊換新計畫時，都會優先考量資金調度及新船的營運經濟性。提供良好融資環境的國家，可以協助造船時的資金調度，也多半會是船東優先考慮的地區，如同時期與台灣競爭的南韓，就因能夠提供優惠的融資，逐步成為造船大國。

營運的困境

同樣的，〈貿易、航業及造船配合實施方案〉也著重在融資上，由政府出面提供擔保，減輕船東負擔。其實施要點為：交船前訂金為船價 20%，由船東自籌，交船後分期付款為船價 80%，分 8 年 16 期平均償還，暫訂年息為 8.5%，可視國內外市場利率變化做調整。同時如果船東是公營事業，貸款可由交通部保證，交船後以輪船八折擔保；若為民營企業，其貸款擔保則由銀行與船東依照一般造船條件商定。[55]

辦法頒訂後獲得相當大的迴響，輪船招商局、台航、中航、萬海航運、復興、遠東、益利輪船、國際等公司均提出申請。[56] 也使得第一期落幕後，立即進行第二期造船計畫，時間自 1980 年至 1982 年，預計建造遠洋貨櫃船 9 艘、近海貨櫃船 19 艘、20 萬噸級及 3 萬噸級油輪各 1 艘、巴拿馬式極限級散裝船 10 艘，這些船隻建造費用同樣八成由政府指定銀行融資貸款，船東分 8 年 16 期交船後開始償還。[57] 這些船隻，也絕大多數由中船承造，至 1981 年 8 月，中船因此接獲 22 艘國輪訂單，對營運大有助益。[58]

雖然有這些努力，但是中船依舊虧損連連，1979 年上半年中船虧損七億七千餘萬元，為 14 個國營單位之冠，甚至遠超過虧損第二的中台化一億七千餘萬元，[59] 其於 1979 年度的虧損數 18 億 4,600 萬元，更創下數十年來國營企業之最。[60] 為了彌補虧損，經建會只好從 1980 年度開始，分 3 年增資 26 億元，分別是第 1 年 17 億元、第 2 年 7 億元、第 3 年 2 億元。[61]

為何在政府啟動國輪國造政策後依舊存在巨額虧損？如果從其營收來看，國輪國造政策確實讓中船營收逐年成長，到了 1980 年後，每年營業額均能突破百億元，1981 年初，中船甚至表示，一直到 1983 年初，船塢都排滿了，已經無

法接受國外船東訂單。[62] 但奇怪的是，中船的虧損卻持續增加，甚至在 1982 年，雖然營收達到高峰，突破 200 億元，但虧損也創下史上新高，來到 21 億 1,500 萬元，直到 1983 年度才首度轉虧為盈。

這個情形引起諸多討論，監察委員甚至在 1979 年、1981 年展開調查，綜合監委調查及日後專家學者研究，導致中船連年虧損，除前述的財務結構有欠健全、國際航運業不景氣，經營缺失也是主要原因。

另外，各方意見指出，中船初期缺乏專業人力應是一大主因，雖然從台船時期就與日本石川島播磨重工業簽訂技術合作契約，但十數年來並未培養自己的設計技術能力，對船

中船營收走向高峰，虧損也創下新高

年 度	月 份	營 收	淨 利
1978	1977.7 ～ 1978.6	42.50	-6.43
1979	1978.7 ～ 1979.6	71.28	-18.46
1980	1979.7 ～ 1980.6	98.67	-11.89
1981	1980.7 ～ 1981.6	130.75	-6.00
1982	1981.7 ～ 1982.6	211.34	-21.15

資料來源：台船企劃處　　　　　　　　　　　　（單位：新台幣，億元）

價估價及報價的專業能力不足，因此每艘船需花大筆經費向外人購買船圖，材料也多以偏高價格向日本採購，而對外承攬業務，則以偏低價格搶標，於是造價偏低、成本偏高，甚至出現「造一艘、賠一艘」的情形。[63]。

有待克服的巨大挑戰

這讓在台船時期成績耀眼的王先登，只能在 1981 年 12 月 16 日黯然下台，而監察院在其下台後，繼續對其提出彈劾，成為監察院有史以來第一次針對國營事業彈劾，且是在毫無異議下通過，[64]1984 年 5 月 4 日公務員懲戒委員會也對其重懲。[65]這雖然反映了社會長期對其經營管理的疑問，但不可否認的是，中船建廠初期碰到的這場國際風暴，讓中船「先天不良」，甚至差點走不下去，要如何讓中船能夠持續成長，是繼任者巨大的挑戰。

破浪

2

對外，面臨國際市場不穩定造成的通膨
對內，歷經人事調整與民營化的雙重壓力
即使如此，台船依舊秉持勇氣、乘風破浪
走出嶄新階段

榮耀船説

從創紀錄
到少虧損

中船從1977年成為國營事業開始，一直到2008年又重新民營化，這段時間在歷任董事長帶領下，逐漸擺脫困境，甚至轉虧為盈。

　　在中船（台船）30 個年度（1978 ～ 2007 年度）的歷年營收中，盈虧剛好各半，可看出公司經由歷任董事長的帶領，在面對國際局勢等諸多影響下經營的艱辛。

　　首任董事長王先登在中船無法獲利下，於 1981 年 12 月 16 日退休，而中船成立後虧損連連，讓政府相當頭痛，甫上任的經濟部部長，出身國營事業的趙耀東，將整頓國營事業列為其施政主要目標之一，因此特別指派曾任職台船的經濟部常務次長韋永寧接任中船董事長，[66] 希望在新人新氣象下，能夠擺脫中船的困境。

　　韋永寧，南京人，生於 1915 年 11 月 27 日，畢業於同

濟大學機械造船系，曾任職中央機器廠、台船、工業委員會
專門委員、美援會、國際經濟合作發展委員會計畫處處長、
副祕書長、工業局局長、經濟部常務次長。[67] 由資歷可看
出，韋永寧不僅是造船科班出身，經歷更是豐富，特別要求
他在屆退前出馬整頓中船，可見趙耀東對中船的殷殷期盼。

　　韋永寧出任後，針對改善中船擬出近程及長程計畫，
近程是全面實施電腦化及生產作業效率化，不隨意外包及加

▲ 當時的台船總經理李國鼎（第一排左），
　陪同美國第七艦隊總司令雷德福（第一排
　中）參觀造船、修船設備。第一排右為台
　船董事長周茂柏。（圖片來源：台船）

班，希望能降低無謂的浪費，遠程則是吸引國外造船廠投資及爭取政府增資。而政府也予以協助，學習日本、南韓，對於國外輪船公司到中船下單，給予 8.5％的優惠利率貸款，來爭取國外訂單。[68]

韋永寧及自強運動

中船並從 1982 年年底展開「自強運動」，先在 10 月 31 日及 11 月 1 日，對一、二級主管進行訓練，後於 11 月 8 日大幅調動一級主管，將許多不適任者，調動為正工程師，職缺由原副主管接任。後領班、班長在 11 月 9 日進行訓練，訓練完畢後又大幅調動二級主管。[69]11 月 20 日，中船決定仿效中鋼前例，將台北總公司遷至高雄，以減少不必要作業層次及精簡組織，對於不願前往高雄者予以資遣，共資遣 52 人，同時重新整併組織架構。[70]韋永寧不諱言地告訴每個員工，中船面臨倒閉的關頭，希望藉著總公司遷移、人事整頓的大調整，讓中船轉虧為盈。[71]

在自強運動與員工交心，獲得支持後，韋永寧依然以「節流」方向改造中船，他要求降低加班費的支出、外包費及用電腦管控購材，種種努力，終於讓中船在 1983 年度首度出現盈餘。[72]但在國際航運不景氣，造船業競爭激烈導致

價格暴跌的情況下，中船又成為無船可造的單位，1986 年度
（1985 年 7 月～ 1986 年 6 月）再度回到虧損的情形，原本
要在 1985 年年底同時退休的韋永寧與總經理吳大惠，面對
中船再次的危機，政府僅准許身體狀況不佳的吳大惠退休，
韋永寧則因領導中船轉虧為盈，頗受肯定，被慰留下來做最
後的整頓，[73] 而總經理一職則由執行副總經理馮家溱於 1985
年 10 月 30 日升任。

　　1985 年 12 月，韋永寧為挽救中船，宣布將裁員 1,400
人，其中高雄廠 400 人，業務不佳的基隆廠 1,000 人，如果
虧損持續惡化，不排除減薪及關閉基隆廠。[74] 中船的裁員引
起社會震驚，畢竟國營事業是以前所謂的「鐵飯碗」，但如
此激烈的手段仍無法阻止虧損，而且還發生一系列技術性的
疏失，讓早已超過退休年齡的韋永寧一心求去，於 1986 年
12 月 1 日退休，由前海軍副總司令羅錡接任。

海軍系統時期：羅錡及李英明

　　羅錡接任中船董事長，象徵著中船又回到「海軍系統」
的管理，其與下一任董事長李英明，都出身自海軍，也帶來
兩個大案子：「光華一號」與「光華三號」，對於中船的
虧損有很大幫助，這也讓羅錡任期的後半開始轉虧為盈，李

英明任內也多半保持盈餘，可見海軍的造艦工程，對於中船的重要性。[75]

　　因為董事長來自軍方，所以總經理以管理專才為優先，羅錡上任時，馮家溱休職一年，直到他退休後，才於1988年1月4日，特別找來曾任台電公司會計處副處長、台肥公司會計處處長、財務副總經理、台金公司總經理的葉曼生擔任總經理。[76]葉曼生被稱為「國營事業艾科卡」，是公司經營轉虧為盈的專家，也是企業家王玉雲整頓國營事業的大將，[77]且其財經管理長才，與羅錡充分互補，之後的對外發言，也多半是葉曼生負責，可見其所受到的倚重。葉曼生上任後，因國際航運業景氣轉好，使原本冷清的中船船塢，變得忙碌不已，加上光華一號的執行，中船再度轉虧為盈，亮眼成績，讓葉曼生於1992年3月10日，接替退休的周啟錦，升任中石化董事長，而中船公司總經理則由經濟部國營會顧問余辰南接任。[78]

　　任期長達7年的羅錡則在1994年10月轉任聯合船舶設計公司董事長，由同樣出身海軍系統的李英明接任中船董事長，其為海軍官校畢業，1994年2月甫升任海軍後勤司令。李英明曾任艦長、海軍造船廠廠長，並曾赴荷蘭擔任海龍、海虎2艘艦艇的監造工作，是海軍少數的潛艦專家，對造船

也相當熟悉。李英明任內除延續與海軍造艦的合作案，對於政府積極推動的民營化有其想法，推出「再造計畫」，可惜未能成功。

整體而言，海軍時期可說是在光華一號的加持，以及海軍出身的董事長與專業總經理配合得宜的情形下，讓中船度過較平穩的一段時間，並開啟中船後續兩大主要業務：海軍造艦合作及民營化。[79]

首位內升的董事長：余辰南

余辰南是中船第一位由內部升任的董事長，他在羅錡時代，就接任葉曼生擔任總經理（1992年3月10日），歷經羅錡、李英明2位董事長，到接任董事長時，已經擔任中船總經理五年餘，對中船內部十分瞭解。余辰南是中興大學會統系畢業，擅長財務管理，曾任中鋼財務處處長、經濟部國營會顧問、中船總經理。接任余辰南擔任中船總經理的是原副總經理張旭勇，畢業自海洋大學輪機工程學系，擔任過中船高雄總廠機械廠廠長、艤裝廠廠長、高雄總廠廠長，對船舶生產作業相當內行。[80]

余辰南接任後不久，面臨光華一號計畫在1998年年底結束的窘境，實施這幾年，造艦業務占35%，一旦結束，如

何填補空缺，使中船相當頭痛，所幸 1998 年的亞洲金融風暴，讓南韓的造船訂單流向台灣，中船一時之間訂單滿載，但這個好風光只維持到 1999 年，在國際造船價格大跌的情形下，船東寧可不交船，加上光華三號的系統出現問題，屢屢被海軍罰款，讓中船從 1999 年起，步入最嚴峻的挑戰，1999 年度（ 1998 年 7 月到 1999 年 6 月 ）重新出現超過 10 億元的虧損，並以 12.36 億元再度成為國營事業虧損最多的單位。[81]

中船自 1999 年開始虧損後，漏洞愈來愈大，2000 年光到 6 月就虧損 40 億元，中船被迫在 2000 年 7 月提出「 再生計畫 」，但工會強烈抗爭，張旭勇也因此於 2000 年 11 月 1 日去職，接任的是曾擔任 2 屆中船產業工會常務理事的副總經理江元璋，在他的努力下讓再生計畫過關，但 2002 年暴發核四錏接風波，導致余辰南、江元璋在 6 月 19 日下台負責，[82] 2002 年 7 月 1 日，由成大工業與資訊管理學系教授徐強接任董事長，[83] 總經理則由副總經理范光男暫代。

余辰南在中船創下許多「 第一 」的紀錄：第一位內升的董事長、第一位也是唯一董事長和總經理均擔任過的主管，他擔任過 5 年總經理、5 年董事長，雖然不是任期最長的總經理或董事長，但卻是任期最久的一級主管，可惜仍不

敵國際市場的嚴峻挑戰，黯然下台。

首位學者借調董事長：徐強

徐強是第一位接掌中船的學者，他畢業於台灣師範大學教育系心理組學士、美國懷俄明大學管理及組織心理學碩士、博士，學業完成後，在成大工業與資訊管理學系擔任教授長達二十多年，應當時經濟部部長林信義之邀，擔任中船董事，余辰南下台後，林信義希望由內部董事尋找瞭解中船狀況的董事長，才能落實再生計畫，拯救中船。

徐強接任之初，形容中船是「苦孩子」，並誓言要讓「苦孩子」強起來，但沒有人相信中船能起死回生。他要上任時，所有親朋好友都反對，太太則3天3夜不跟他講話。然而徐強上任後不但經常深入基層，和員工打成一片，與工會、中高階員工溝通，加強向心力，[84] 更以「潛艦國造」為契機，力推「潛龍計畫」，表示中船有能力製造潛艦，讓員工信心、士氣增加，加上員工們經過再生計畫衝擊，格外重視得來不易的工作機會，工作更加賣力。

在策略上，徐強訂出以貨櫃輪及散裝貨輪為中船的特色商品，相較過去什麼船都建，更能確保品質，向船東以「中船賣的是福斯汽車價格，但業者將收到雙B產品」為訴求，

也讓國內航商開始認同中船，訂單陸續湧入，配合世界景氣的復甦，讓中船度過狀況最艱困的時刻，從 2002 年開始轉虧為盈，徐強也在 2004 年 7 月 1 日借調期滿，功成身退，返回學校

中船更名為台船：范光男及盧峰海

徐強借調期滿，返回學校後，董事長由范光男代理。在這段期間，再生計畫的實施獲得不錯成效，2005 年更從軍方手中拿到「光華六號」的訂單，業績持續好轉。前陽明海運董事長盧峰海也於 2005 年 9 月 30 日接下懸缺已久的中船董事長。

盧峰海是高雄人，成大交通管理科學系畢業，1974 年取得文化大學海洋研究所碩士，1988 年獲政大企管所博士，1989 年在美國哈佛大學商學院研究國際資深管理課程。[86]他上任後最大事蹟是將「中船」更名為「台船」，2007 年 2 月 9 日中船董事會通過，於 3 月 3 日正式將「中國造船公司」更名為「台灣國際造船公司」。[87]讓這個從日治時期就存在的「台船」之名，於 1978 年與中船合併消失後，事隔 29 年，重新變回台船。只不過這個「台船」，在日治時期叫做「台灣船渠株式會社」、戰後先稱為「台灣造船公

司」、2007 年又改為「台灣國際造船公司」，三個台船，也代表著台灣造船一路走來的歷史。

民營化開花結果：鄭文隆

盧峰海於 2007 年 6 月 8 日轉任正利航業，先由范光男二度兼任代董事長，後在 2007 年 11 月 30 日，由原高雄市政府副市長鄭文隆擔任董事長。

鄭文隆畢業於台大土木工程學系、美國華盛頓大學土木工程博士，曾任台灣工業技術學院教授、系主任、交通部台灣區國道新建工程局局長、行政院公共工程委員會副主委、高雄市政府副市長，在 2007 年 11 月 30 日接任台船董事長。

鄭文隆上台後，經過爭取，讓原本減薪 35％的員工，復薪 100％，恢復到再生計畫實施前的薪資，等於宣布再生計畫成功落幕。再生計畫成功大半後，申請退休許久的范光男也在 2008 年 2 月 12 日獲准退休，由台灣金融研訓院金融所所長李志城接任。鄭文隆與總經理李志城 2 人接下來的目標就是一直無法實現的民營化，最終於 2008 年 12 月 22 日達成，完成了從中船到台船 19 年來的奮鬥，也讓台船邁入下一個階段。

高風險的
造船業

當高資本、高風險的造船產業，遇上運河關閉、石油危機、景氣低迷等國際事件時，不但容易產生巨額虧損，甚至可能瀕臨休業危機。

　　造船業是一個需要高資本及承受高風險的產業，一艘能夠在海上運行的大型船舶，包含了鋼鐵、機械、通訊、螺槳、五金、消防、空調等材料及設備，以及建造時所需的大型工廠，設計、行銷、管理人員，乃至於第一線的工人，需要高額的建造成本，每艘船的造價自然不菲。

　　對於購買這些昂貴船舶的船東而言，國際海運市場、國際情勢及景氣連動極強，往往一夕多變，所以必須要隨時保持彈性，一看局勢不對，甚至賠掉訂金也無妨，但這就會造成船廠極大困

擾。1967 年至 1975 年蘇伊士運河關閉 8 年期間,迫使船東
們尋求超大型油輪,但在蘇伊士運河開啟後,又碰上石油危
機帶來的通貨膨脹,就讓船東立即抽掉正在興建的大型油輪

▲ 造船業需要耗費的資本高,加上容易受到
國際市場影響,讓當時的中船在經營方面吃
足苦頭。(圖片來源:台船)

榮
耀
船
說

訂單，這種船東與船廠間的微妙關係，在各船廠時常上演，中船也不例外，繼油輪事件後，〈貿易、航業及造船配合實施方案〉的第二期造船計畫，讓中船再次吃足苦頭。

二期造船計畫散裝貨輪事件

1977 年執行的〈貿易、航業及造船配合實施方案〉，由政府出面擔保，交船前船東只需繳交船價 20% 的訂金，交船後分期付款船價 80%，解決船東碰到石油危機後的經濟憂慮，獲得船東的歡迎，第一期（1977 ～ 1980 年）21 艘被預訂一空，政府馬上推出第二期（1980 ～ 1982 年）40 艘，其中有 9 艘散裝貨輪由中船承建，分別是：陽明海運 3 艘，遠通航運、益利輪船各 2 艘，中航、益壽航業各 1 艘。這批造船史上最大的合約，在 1980 年 12 月 19 日簽約時，被時任經濟部部長張光世喻為造船史轉捩點的合約，卻成了日後中船最頭痛的問題。

這批散裝貨輪在簽約時，每艘造價高達 3,100 萬至 3,175 萬美元，以二期造船計畫條件計算營運成本，並依原計畫裝運由美東進口大宗農產品為例，第一年每噸須攤付 49 美元上下，當時國際海運市場散裝穀類每噸運費約 40 美元，業者認為只要經營得法就能獲利，且能有可靠貨源，有利於維

持正常營運，因此率先響應了政府「國輪國造」與「國貨國運」政策。

但事隔不到 2 年，國際海運散裝穀類運費慘跌，1982 年由美東至台灣進口大宗農產品每噸運費跌至 20 美元以下，與前年 12 月簽約時相比較，下跌幅度超過一倍。而中船在此時通知遠通航運繳納第二期船款，依約，中船將從簽約日起開始建造，預定在 1982 年 11 月起每月交船一艘。

船東們認為當初中船造價偏高，同型船在日本建造每艘 2,200 萬美元，使業者造價上加重每艘約 900 萬美元負擔；加上散裝穀類運費慘跌，形成營運成本與現實海運市場運費發生大幅差距，於此散裝貨輪運費極度低迷時期，如貨主不以營運成本，而按市場費率計算運費，將來交船後營運勢必發生巨額虧損。

船東們於 1982 年 5 月 1 日聯名向行政院經建會緊急陳情，陳述因面臨難以經營的危機，請求政府採取適當補救辦法。業者提出的建議，分為三點：一、本批交船日期可予順延 1 年；二、對原定各船還本利息期限，由 12 年延長為 15 年，前三年暫停還本金只付利息，以及對分期還本之貸款利息，一律比照中船承造外輪辦法，包括外購器材全部以年息 8.5％計算；三、新船完成後實施以營運成本酌加合理利潤做

為計算基本運費之原則，不論市場費率漲跌，均不調整。[88]

政府面對此陳情，一直開會卻沒有決定，迫使船東揚言不接船。由於當初政府為鼓勵這些公司在國內造船的國輪國造政策，在未交船之前，僅讓船東付 5％ 的保證金，建船所需經費均由中船先向銀行貸款，交船時船東需付 15％ 給中船，另外 80％ 貸款則轉由船東向銀行支付。因此船東們在運價不佳、載一趟賠一趟，或是在沒有貨源仍需支付船隻利息的情形下，撥撥算盤，總覺得犧牲 5％ 還划得來。但中船如果被迫吞下這 9 艘船的貸款，將使原本便搖搖欲墜的中船關門倒閉。

在此情形下，韋永寧親自到經濟部報告嚴重性，[89] 行政院經建會最後在 1983 年 1 月同意將貸款由 12 年延長到 15 年。[90] 後更延長交船日期 1 年，希望能度過景氣不佳的狀態。[91]

折衷方案的出現

面對政府的讓步，船東仍要求：一、該船 20％ 應付船廠款項，除原已支付的 5％，所剩 15％ 不用支付；二、交船後的運費虧損應以「航運基金」補貼，否則寧可違約賠上保證金，不願接船。如船東之一的益壽航業就於 1983 年 2 月來函告知中船：「在各公司聯名向政府建議，以政策性方式

按航運成本議訂長期運價等問題未解決前，本公司仍無法接船」。[92] 到了 1983 年即將陸續交船時期，船東更是不見蹤影，如某船東原本預定於 1983 年 8 月 6 日舉行下水儀式，通知船東公司後，該公司表示 8 月中旬要舉行董事會，要求下水儀式延至 8 月中旬以後。後來中船在不舉行儀式的情形下下水並通知船東，但船東仍不願付款接船。[93]

中船仰賴政府出面解決，[94] 韋永寧甚至對此提出辭呈，趙耀東立即慰留，並協調交通部提出折衷方案，[95] 後在經濟部、交通部出面下，經濟部提出的「折衷方案」是：一、80％銀行貸款部分，前三年不還本也不還利息，以單利滾入本金方式取代，利息差額由經濟部補貼轉帳；二、另 15％應付船廠款項，造船期間利息不用支付，本金於交船 3 年後分 12 年償還，利息自交船後第七年開始。[96] 在此條件下，船東們同意先接船 5 艘。[97]

但 1983 年 12 月 7 日第一艘交船的毅利輪，交船後 3 個月就出現無貨可運的窘境，而經建會又在 1984 年 3 月表示不同意當初經濟部對船東所提出的折衷方案，使得船東們再次拒絕接船，[98] 讓中船危機再現。面對船東強硬的態度，行政院各部會緊急開會協調，經建會也讓步同意當初經濟部的折衷方案，才讓此一事件稍獲喘息。[99]

好景不常，1984 年 7 月，船東之一的益利輪船傳出危機，甫交船的毅利輪遭到扣押，才發現 80％銀行貸款根本沒過關，加上其公司共向中船購買毅利輪、慈利輪 2 艘，[100]中船只好向外尋求買主解套，但在國際運價景氣不佳的情形下，多半沒有接手意願。[101]為免事件擴大，最後由交通部、經濟部與台電聯手提出紓困方案，解救益利輪船，並將其投資中船的股票質押給台電，[102]才度過危機。

中船再現危機

1987 年，原本拒絕領船，因政府答應交船 3 年後再付款即可，才勉強應允領船的船東們，面對 3 年期限已到，船東們卻表示，當初的 8.5％利率，在這幾年利率大幅降低的情形下，讓他們每年要多負擔上億元利息，加上航運業不景氣，不願付款，又讓中船再陷危機。[103]

1987 年 7 月，中船的資本額是 105 億 5 千萬元，虧損則高達 50 億 7 千萬元，加上該年度（ 1988 年度 ）預估虧損額為 19 億元，將達到 70 億元。實際上，再扣除 1983 年增資的 42 億元，中船在 1988 年度將「 虧個精光 」，而當時的負債也高達 224 億元，如果這 9 艘船的船東也像益利輪船一樣發生經營問題，中船將很有可能關門。

在政府認為造船工業必須維持的情形下，不得不出手拯救中船，經濟部先擬出一套方案，其中不僅回應上述船東要求，讓一、二、三期的造船利率，如船東所願，由 8.5％降到 4.6％。並仿效歐美各國，給予 15％的造船補貼率。[104]弭平此次風波後，隨著國際航運市場的好轉，船東賺錢後按期償還貸款，此一問題終告結束。[105]

紛擾中船長達 5 年的散裝貨輪事件，固然是因國際運價大跌而造成，但也暴露出造船業的高風險，國輪國造政策是為了吸引國輪公司委託價格較高的中船造船，因此除了優惠貸款外，在交船前僅需付 5％的保證金，如此才能讓精明的船東願意到中船造船，但萬萬沒想到國際運價瞬息萬變，2 年間景氣由盛轉衰，商人發現不領船比較划算，才造成中船必須一再低頭讓步，拜託船東領船的窘境，否則景氣不佳時，大批船東不願領船，就會造成船廠倒閉。

除了政府開出的優惠條件是否太高，值得檢討外，若政府有意支持中船成為國家船廠，面對不景氣時的船東拒絕領船潮，該有一套因應措施，而非讓中船獨自面對。二期造船計畫惹出許多風風雨雨後，更讓船商望之卻步，原本預計於 1982 年至 1985 年推動第三期造船計畫，興建 32 艘船，到了 1983 年 5 月只有 6 家 13 艘申請，[106]成效不彰，因此讓以「國

輪國造、國輪國修、國貨國運 」為目標的〈 貿易、航業及
造船配合實施方案 〉於 1988 年 3 月 2 日宣布終止。[107]

　　造船業除了是需要大量資本投入的行業外，更是一個
非常危險且辛苦的 3D 或 3K（日文：危險 Kiken、骯髒
Kitana、辛苦 Kitsui）產業，不僅要在烈日下銲接，更要搬
動大型鋼板，稍一不慎，就會產生意外，1982 年的一八四事
件，是中船建廠後所發生最大的意外傷亡事件，也使得中船
記取教訓，日後對於工安更為小心謹慎。

▲ 一八四事件凸顯造船業工安問題。為加強
　 員工的工安意識，中船加強相關措施外，每
　 年也會舉行祭悼儀式。（圖片來源：台船）

高危險的行業：一八四事件

1982 年 7 月 2 日上午 7 點多，中船當時為美國艾索石油所建造，編號 184 的「艾索石油西班牙號」，因工人交接不慎，拆除發電機柴油管線後未封閉盲板，火星引燃流淌至主機、尾軸的柴油，導致 15 人喪生火窟，16 人受傷住院，死者最年長才 32 歲，多半是二十多歲的年輕工作人員，此事對當時中船員工造成莫大衝擊。

面對一八四事件，中船特別在第二道門口設碑刻文，每年的 7 月 2 日都會追悼當年因此事逝去的同事，公司從此特別加強工安問題，防止意外再現。[108]

造船產業其實是一個非常艱辛的產業，不僅要忍受危險、骯髒、辛苦的工作環境，更要面對詭譎多變的國際局勢，在競爭激烈的國際造船市場中獲得船東的青睞。但船東除了造船技術及造價外，能夠提供資金支持，也是考量的條件之一，只是在波動大的航運市場中，如果遇到市場景氣不佳，船東也往往會選擇損失訂金，棄船而去。不管是提供船東資金，或是在船東棄船時伸出援手，多半都需仰賴政府，政府如何成為船廠的後盾，攸關船廠能否站穩腳步，這也是中船建廠後仍跌跌撞撞的關鍵因素之一。

肩負國防使命
的中船

中船的建立，主是為了國防工業。在這裡陸續開啟的海軍造艦計畫：先鋒、海鷗、忠義、光華，到近年的潛龍，就是希望達到「潛艦國造」的目標。

1970 年代政府在高雄臨海工業區的發展構想，主要目標之一就是國防工業，當時十大建設的中船、中鋼，以及原來就存在的台機可說是 3 間主要公司，中船、中鋼建廠時，台機就搬遷到兩者隔壁，形成一個產業鏈，以台機生產的主機、中鋼的鋼板來供給中船興建船舶，包含國防用的軍艦。除此之

▲ 從中船到台船都積極參與海軍造艦計畫。
圖為玉山艦海試。（圖片來源：台船）

外，台機當時還發展製造槍管、砲彈頭的「合金鋼廠」（同樣位於高雄臨海工業區），以及興建軍車的重車廠「華同汽車」（位於台北、中壢），最後都失敗，是台機後來關廠的主因之一。[109]

中船建廠完成之後，海軍造艦計畫，是中船的主要業務之一。

先鋒計畫、海鷗計畫與忠義計畫

1976 年開始的「先鋒計畫」，主要建造多目標飛彈巡邏艇。先由海軍向美國塔科瑪公司（Tacoma Boatbuilding Co. Inc.）購買第一艘原型船龍江號，第二艘綏江號由該廠提供設計圖及器材、技術資料、人員訓練給中船，於 1976 年 10 月開始委託中船建造，1978 年 7 月下水。先鋒計畫原預定建造 15 艘，但因美國拒售魚叉飛彈，海軍評估效益太低，而且綏江號性能始終達不到原設計要求，因而取消後續的建造計畫，經費轉移至後續的飛彈快艇「海鷗計畫」。[110]

海鷗計畫飛彈快艇是採用以色列毒蜂（Dvora）級設計，美國海諾蒂克（Hydronautic）公司提供基本設計及技術資料，由中山科學研究院（簡稱中科院）與中船自力完成施工設計及備料後建造。於 1979 年先完成 2 艘原型艇，

1979 年 5 月成立自強中隊，後擴編為海蛟大隊，至 1981 年完成所有艦艇的興建。

不管是先鋒計畫或是海鷗計畫，都是參考國外的船艦改建，1979 年的「忠義計畫」則是希望能以國人自己之力設計、建造，可說是真正的「國艦國造」。1978 年年底美國與台灣斷交，激起大家的民族情緒及危機意識，而早在此之前，已有歸國海外學人建議政府，應集合海內外造船人才，自行設計建造海軍艦艇，在此刺激下，確定執行。

1981 年 2 月，由海軍、中船及聯合船舶設計中心派遣人員，至華府郊區維吉尼亞州水晶城（Crystal City）的羅森博來德（Rosonbratt & Sons Inc.）及位於巴爾的摩的西屋海外服務公司（Westinghouse Oversea Service Inc.）展開培訓，後成功設計出台灣第一艘飛彈巡防艦，編號為 PFG-1，但到 1983 年，新任海軍總司令劉和謙及參謀總長郝柏村認為每艘需要 150 億元，費用太高，忠義計畫遂告中止，也使台灣艦艇的設計自製能力喊停，而同期受訓的南韓，後成功製出「蔚山級」飛彈巡防艦，也令人感到遺憾。[111]

但海軍仍需要新的軍艦，因此就算忠義計畫喊停，「光華一號」也立即銜接。光華一號是海軍「二代艦」計畫之一，當時海軍船艦老舊，需更新組建二代兵力，才能因應瞬

息萬變的台海情勢，其中包括代號為「光華一號」的 8 艘
成功級巡防艦、「光華二號」的 6 艘拉法葉級飛彈巡防艦、
「光華三號」的 500 噸錦江級近岸巡邏艦，總經費達新台幣
數千億元，是海軍建軍以來最大規模的造艦計畫。[112]

▲ 許多作戰船艦是由中船所建造，以因應瞬
　息萬變的台海情勢。圖為成功級巡防艦。
　（圖片來源：台船）

光華一號

「光華一號」計畫起自1983年，海軍將美國、德國、義大利的巡防級作戰艦列為考量，後選定美國派里級巡防艦，經過細節討論之後，於1987年9月，簽訂發價書，美方售予台灣武器裝備及技術資料，同時簽訂的還有S-70C反潛直升機。[113]

中船於1990年1月10日開工興建光華一號成功級巡防艦，第一艘「成功號」順利於1991年10月6日，由當時國防部部長陳履安夫人陳曹倩主持下水典禮，[114]經過測試、裝置武器等後製作業。於1993年5月7日交船，並由時任總統李登輝親自宣布成軍。[115]後陸續完成「鄭和」、「繼光」、「岳飛」、「子儀」、「班超」、「張騫」、「田單」共8艘飛彈巡防艦。

其中「田單號」一度因為國防經費縮減，遭國防部取消訂單，[116]在第七艘「張騫號」於1998年12月1日交船後，[117]直到2000年5月才決定興建第八艘「田單號」。[118]

在成功級巡防艦興建過程，還有一段小插曲。中船為了興建該巡防艦，特別興建了10萬噸級的乾船塢，此船塢的興建，雖獲得經建會的同意，[119]卻未取得高雄港主管機關台

灣省交通處的核准，讓省府認為中船不夠尊重，下令停工，中船雖解釋同時進行申請，仍在 1992 年 5 月 22 日宣布停止興建，讓「鄭和號」的興建受到耽擱。[120] 但後來還是完成此船塢的興建，也就是今日台船所使用的修船塢。

光華二號及光華三號

「光華二號」就是後來因尹清楓命案聲名大噪的拉法葉級巡防艦，中船雖未承造，但一直有所關連。光華二號最早構想是向南韓現代造船廠購買蔚山級巡防艦，配合光華一號的成功級巡防艦，構成新的海軍二代兵力。由於南韓與台灣幾乎是同時發展造船產業，如今卻要向對方購買，此計畫一出，引起社會各方普遍不滿，最後海軍改買法國拉法葉級軍艦，才讓紛爭得以落幕。

光華二號的拉法葉艦採購案，中船在其中也有扮演角色。一開始為顧及外交上的障礙，拉法葉艦是由中船與法國的洛里昂造船廠簽約合作製造，而非由海軍出面，[121] 於 1992 年 1 月在法國開工，原預計興建 16 艘，前 6 艘在法國製造船段，再由中船組裝，後 10 艘則交由中船建造。[122] 後計畫生變，先購 6 艘，並改由全部在法國建造。[123]

光華一號的興建案，對於中船相當重要，10 年內總造價

1,347 億元的訂單，對於因國輪國造灰頭土臉的中船大有助益，同時也招募了一批新人進入中船，在此之後，中船的經營不理想，再造計畫、再生計畫裁員的結果，使當時這批人員一直都是「最年輕員工」，也成為現在台船的主幹。

而建造軍艦對於中船工程師又是極佳訓練，現任台船設計處處長的袁國龍，就是因為光華一號成功級巡防艦而進入中船，每一艘成功級巡防艦都有參與的他表示，軍艦與一般商船不同，在耐震度等方面要求較高，在光華一號之前，國內沒有建造過較正式的軍艦，所以中船特別邀請美國巴斯鋼鐵造船廠（Bath Iron Works, BIW）技術協助。BIW 是著名造船廠，美國許多軍艦都由其承建，來台人員也傾力相授，甚至到現場親自教導，雙方合作非常愉快，不僅每一艘成功級巡防艦都準時交船，建造第二艘船時，BIW 人員就只需修改錯誤，第三艘船則全由中船人員處理，對於中船的技術提升有莫大助益。這些建造軍艦的經驗一步步累積，讓中船成為台灣建造軍艦最重要的船廠。[124]

「光華三號」是由國內所設計建造的錦江級 500 噸近岸巡邏艦，第一艘原型艦由聯合船舶設計發展中心負責艦體設計，1994 年 12 月由高雄聯合造船公司建造完畢服役，這也是首艘由國內自行設計、製造的軍事艦艇，但整體過程並不

順利。原型艦完成後，後續量產因主機選用德國製某廠牌主機，引起法國主機廠不滿，認為有綁標的嫌疑，四處陳情，直到 1997 年才完成招標，由中船以每艘 4 億 9,900 萬元得標，共需建造 11 艘，[125] 但此案後來卻讓中船頭痛不已。

中船所造的首艘「淡江號」在 1998 年 6 月 19 日命名暨下水。[126] 但淡江號在出海試航後卻發現射控系統大有問題，無法通過驗收，在超過規定的交船時間後，海軍開始每日向中船罰款 100 萬元，且連續 5 艘都出現同樣問題。[127] 由於當初海軍僅開出規範，系統均由中船自行採購，在低價搶標的情況下，造成系統整合問題。一直到 1999 年 9 月 7 日，海軍才通過測試，讓淡江號交船，前後長達一年多，[128] 最後要賠償海軍 8,600 萬元。[129] 經歷此風波後，光華三號造艦計畫漸趨正常，於 2000 年 2 月 25 日最後一艘「珠江號」舉行命名下水典禮後，[130] 光華三號計畫也告一段落。

光華六號

「光華六號」計畫是海軍於 1999 年提出，為了取代已近 20 年，完成於 1981 年「海鷗計畫」的海鷗級飛彈快艇，由中華民國海軍造船發展中心仿法國拉法葉級飛彈巡防艦設計，而設計完成的光華六號二代飛彈快艇，具備匿蹤性能，

▲ 在每一次軍艦建造過程中,中船的年輕人
員不斷累積經驗、提升技術,至今已成為台
船的主幹。(圖片來源:台船)

在 2002 年 9 月 26 日下水，然後交由以中船為首的國內造船業策略聯盟，生產 30 艘排水量 180 噸的二代飛彈快艇，以取代 50 噸級的海鷗級飛彈快艇。[131]

此一計畫雖於 2005 年 7 月由中船以 126 億元得標，但另一間投標廠商覺得評審不公，海軍只好暫停執行合約，[132] 立法院也展開調查，直到 2006 年 10 月調查結果並無不公，海軍才於 2007 年 4 月重啟光華六號計畫，交由原得標廠商、當時已更名為台船的中船執行。[133] 因為已比原預定時間延宕 2 年，台船也大幅提升船體、速度、航程等性能，首批編號「61」、「62」2 艘快艇，於 2009 年 5 月 26 日交船，[134] 十二艘快艇組成的「海蛟五中隊」也在 2010 年 5 月 18 日成軍，[135]2011 年 10 月全數 30 艘交船完畢，讓此案告一段落。

潛龍計畫：潛艦國造的前身

製造潛艦是現在台船的重點業務，但實際上，台船爭取潛艦製造早在未更名前。2001 年美方同意售予台灣的軍購中，包含 8 艘潛艦，[136] 於是當年的中船啟動「潛龍計畫」來爭取。潛艦該如何製造？是要如拉法葉在法國製造完畢後，運送來台灣，或是在台灣製造，其中學問頗大。

中船對此極力爭取，希望能經由技術轉移，部分由中船

興建，不論是前 2 艘在美國、後 6 艘回到中船製造，或是前 4 艘在美國、後 4 艘在台灣，中船都可以接受。對此，除了時任行政院院長游錫堃、經濟部部長林信義都表態支持外，2002 年 5 月，立法院第五屆第一會期第十七次會議中決議，「對於潛艦採購案，行政院應積極向美國爭取，將售台 8 艘潛艦中之 6 艘，以技術轉移方式在國內建造。」[137] 但軍方對此案卻不太支持。[138]

當時的中船董事長徐強努力向軍方溝通，不僅表示中船有實力，更以「安危他日終須仗，甘苦來時要共嚐」來比喻「潛艦國造」對於台灣的重要性，畢竟台灣仍是面臨戰爭威脅的國家。[139] 但國防部後提出評估報告，表示 8 艘潛艦全在美國製造，僅需 3,937 億元，如果採漸進式技術轉移，需 4,785 億元，換言之，潛艦國造會比在美方製造高出 848 億元。[140] 加上鼎力支持的游錫堃及林信義雙雙下台後，[141] 不論執政或在野的立委，因造價過高，也轉變為不支持此案，[142] 使中船的潛艦國造夢為之破滅，直到民營化後，這個夢想才獲得實現。

中船成立目的之一，就是要建立自主國防工業，因此海軍造艦多半與中船有關，從 1976 年的先鋒計畫及後續的海鷗級飛彈快艇開始，海軍 1980 年代籌建的二代艦主力：光

華一號、光華二號、光華三號,一直到光華六號,都與中船有關,經由這幾個計畫,不僅讓中船在技術方面透過與美國合作更上層樓,也成為台灣造艦的主力。

軍事造艦對中船的影響

除了技術上提升外,對中船最大的助益應該是營收上的挹注,總造價 1,347 億元的光華一號、約 55 億元的光華三號、126 億元的光華六號,對於在營運上一直慘澹經營的中船,都是莫大助益。中船在 1991 年度創下有史以來虧損最嚴重的 32.02 億,多虧 1990 年開始執行的光華一號,讓中船止血,並且在 1992 年度轉虧為盈,加上軍艦的獲利比商船還高,若抽掉海軍的訂單,中船的經營將更為艱辛。

而中船能夠取得大量海軍訂單,除了國家政策外,前幾任董事長都是由海軍轉任,也有所助益。第一任董事長王先登原為海軍副參謀長,第三任董事長羅錡更為前海軍副總司令,第四任董事長李英明則為前海軍後勤司令。光華一號是在羅錡與李英明任內執行,此時期海軍與中船合作愉快,李英明爭取到光華三號後不久去職,海軍與中船從此漸行漸遠,加上民間造船廠興起,使得光華三號執行時,中船與海軍就有嫌隙,潛龍計畫時海軍也與中船看法有異,光華六號

時中船更與民間造船廠經過激烈競爭才得標，而在 2012 年光華六號執行完畢後，台船參加「迅海計畫」原型艦標案鍛羽而歸，[143] 可見時空背景的差異。

重生

3

要將台灣造船產業的命脈傳承下去
台船一定要把握國艦國造、離岸風電等契機
才有機會浴火重生，讓下一個50年更輝煌

台灣的
民營化運動

台船從公營事業到民營化的過程，曾經轉虧為盈，也一度瀕臨倒閉。後來，靠著再生計畫才搶救回來。

　　台灣的公營企業民營化始於 1953 年，當時曾為土地改革訂定《公營事業移轉民營化條例》，但在四大公司（農林、工礦、造紙、水泥）移轉民營後，公營事業民營化腳步就此停歇，公營事業仍為台灣經濟主力。

　　但從 1970 年代開始，公營事業經營績效大不如前，台

▲ 國際趨勢影響，台灣吹起公營事業民營化的
經濟風潮，而中船就被列在第一波的民營化
名單中。（圖片來源：台船）

機、台鋁、中船等連年虧損，迫使政府對公營事業進行改革。政府改進公營事業的策略，受到當時國際趨勢影響。1979 年英國柴契爾夫人（Margaret Thatcher）上台，在其任內，許多公營事業民營化，包括電話、電信、電力、煤礦、瓦斯、自來水、鋼鐵、鐵路等。從 1980 年到 1991 年間，英國政府因出售公營企業獲利達 450 億英鎊，成為台灣學習的對象。

除此之外，當時蘇聯及東歐國家在共產政權垮台之後，大規模將國有企業私有化。國際貨幣基金、世界銀行等國際金融組織，在援助經濟出現問題的國家時，通常也以進口開放、公營事業私有化做為其條件，這都使得公營事業民營化成為當時經濟潮流之一，成為政府解決公營事業積弱不振的藥方。

1989 年，行政院院長李煥將公營事業民營化列為施政重點，展開至今仍持續進行的公營事業民營化運動。1989 年 7 月 25 日，行政院成立「公營事業民營化推動小組」，8 月 16 日，推動小組宣布將開放第一波 19 家公營事業民營名單，1991 年 6 月立法院通過《公營事業移轉民營化條例》修正草案，公營事業民營化正式啟動。

第一波民營化名單共有 19 間公司，包括中鋼、中石化、

台機、中船、中華工程、三商銀、台灣中小企銀、中國產物保險、台灣人壽保險、中興紙業、台灣農工企業、高雄硫酸錏、唐榮、台灣汽車客運、台灣航業、台灣土地開發信託投資等公司。[144]

中船的民營化之路，源自於其經營的積弱不振，從 1991 年開始，直到 2008 年才大功告成，歷經 17 年、7 任董事長，這段期間中船的營運主軸，一直是在如何轉虧為盈以及民營化兩端作戰，甚至一度瀕臨倒閉的邊緣，靠著再生計畫才搶救回來。

先搶救虧損再民營

雖然中船被列名在 1991 年的第一波民營化名單中，但時任董事長羅錡與政府高層似乎並未將中船民營化列為當務之急。經濟部部長江丙坤於 1993 年 4 月 21 日，在立法院答詢時，明確表示因配合軍方造船需要，暫緩中船民營。[145] 但實際上，中船的民營化構想並未停止，而且不是像當時積極推動民營化的其他公司，以股票上市後出售來完成民營化，如中華工程、中石化，而是以「分割」方式，先出售基隆船廠，再以「特定對象、標售股權承接」。[146]

但基隆船廠要出售，必須先解決員工的資遣問題，當

時基隆廠員工有兩千多人，光是資遣費就需要 80 億到 90 億元，而基隆廠資產僅 70 多億元，無法吸引買家，因此中船開始逐步精簡基隆廠員工，[147] 計劃在 1995 年 12 月底一次標售基隆廠，1996 年 6 月前出售高雄廠 60％以上的股權，於年底完成民營化。[148]

但 1994 年 10 月接任的董事長李英明卻有不同想法，他一上任就表示「不能一虧損就要民營」，要先賺錢再談民營，並希望以縮短工時，爭取軍艦及造船業務，因應大環境的不景氣。[149] 原來預定在 1996 年 6 月以出售基隆廠、高雄廠 60％以上股權的民營化策略因此生變。

1995 年 2 月，中船赴國營會報告時就表示，原本預定出售基隆廠的方案，在員工反彈且找不到買主的情形下，宣告失敗。同時如果要民營化，必須先支付員工 161.5 億元的資遣費，但中船連年虧損，169.5 億元的資本額，淨值僅剩 107 億元，無法負擔資遣費，民營當日就是中船破產之時。

因此，中船對民營化提出兩大方案：一是以「重整計畫」改善公司體質，再於 1999 年度申請減資上市；二是由政府編列資遣費，如期於 1996 年年底民營化。而中船希望實施前者。[150]

對於中船希望延後民營化的訴求，國營會不表贊同，[151]

但李英明仍持續以「重整」方式精簡成本，1995 年年底，中船明確提出「再造計畫」：一、總公司南遷高雄總廠，每年裁減 5％至 8％員額；二、開發新船型，拓展市場及艦艇業務；三、多角化經營，拓展陸上工程；四、積極處理非營業用資產。[152]

啟動「再造計畫」

1996 年 1 月 1 日，中船正式將總公司南遷高雄，啟動「再造計畫」，並大幅裁併所屬單位，將 26 個二級單位簡併為 21 個，精簡人員，同時有 423 位員工配合退休或離職，使得中船員工數由 6,252 人降到 5,829 人，[153] 更進一步計劃在 4 年內精簡一千七百多人。[154] 但在整個國際造船景氣低迷情形下，中船一直到 5 月，才接獲當年第一艘訂單，[155] 再度陷入虧損狀態，更不利於民營化。為了美化帳面，行政院在 1996 年核定減資 58 億 6 千萬元。[156]

眼見再造計畫不敵國際景氣不佳，新上任的經濟部部長王志剛重新提出中船民營化的時間表，要在 2001 年 6 月底前完成，並由原來的公開釋股改為尋找策略性投資人投資或購買，鎖定長榮、台塑、東帝士等財團。[157] 這項政策轉變，加上李英明也在 1997 年 7 月 1 日轉任財團法人聯合船舶中

心董事長，改由原總經理余辰南接任董事長，等於是宣布再造計畫的終止。

誰是買家？

新董事長余辰南上任後首要目標，自然是完成尋找財團購買中船的民營化任務。長榮集團在此時也透過媒體表達介入航太、造船事業的決心，在航太方面，就是後來的長榮航空、立榮航空；至於在造船方面，則鎖定收購中船。[158] 國營會立即擬妥投資說明書，寄發給長榮、台塑、遠東、力霸等39 位國內企業負責人，[159] 並於 11 月 11 日召開中船民營化投資說明會，但實際上只有長榮有興趣，然而長榮所承接條件是要將全部員工予以資遣，再重新找人，[160] 此條件卻為中船產業工會所拒絕，堅持必須以「特案方式」轉移民營，[161] 由特定人購買的努力也告失敗。

幾波民營化努力失敗後，因 1998 年亞洲金融風暴，使南韓造船訂單流向台灣，但此景況只到 1999 年，當時正逢國際造船價格大跌，船東不願意交船，讓中船從 1999 年起，再度成為虧損最多的國營事業，[162] 民營化因此暫緩，如何轉虧為盈，才是最重要的課題。

面對國際造船業寒冬的襲擊，中船進一步實施組織裁

併及人員精簡。2000年3月，中船鑑於總公司南遷高雄之後，與原來高雄總廠的編制有所重疊，公文流程耗時、影響決策，因此，董事會決議將高雄總廠裁併，同時專案精減近200位員工。[163]

再生計畫的實施

儘管如此，虧損仍然持續擴大，2000年光到6月就虧損40億元，在政府壓力下，中船在2000年7月提出以「三三三」為主的「再生計畫」：裁員30％、產量提高30％、成本降低30％，3年後將轉虧為盈，國營會認為此計畫不切實際，予以退回。[164] 在此情形下，中船於9月提出新構想，裁員50％與減薪35％。裁員部分有3個方案：一是高雄和基隆造船廠裁員50％；二是高雄廠裁員40％、基隆廠65％；三是基隆廠停止營運，高雄廠裁員60％。[165] 此舉雖然獲得國營會同意，卻遇工會強烈抗爭，不僅要求張旭勇下台，並預定發動絕食抗議，[166] 最後在張旭勇2000年11月1日去職後，才結束紛爭。

接任總經理為原副總經理江元璋，他曾任兩屆中船產業工會常務理事，與工會關係良好，在此時擔負起溝通的角色，[167] 為讓再生計畫過關，辦理12場說明會，爭取員工支

▲ 高雄廠建立過程中，光是陸上鋼板樁打設就很耗時。因為建
廠成本極高，使得中船虧損連連。（圖片來源：台船）

持。光是在 2000 年，中船單年就虧了 67 億元，創歷史新高，每造一艘船便賠一艘船；[168]2001 年時，中船的資產僅 110 億元，但累積虧損已經到 78 億元，遠超過實收資本額的一半，狀況很不好，若不改善，公司將可能面臨破產或申請重整的窘境。[169] 因此，工會於 2001 年 3 月接受再生計畫。[170]

再生計畫最後的定案為：一、人員裁減 45.37％，將近一半，其中基隆總廠員工離退 66％、高雄總廠員工離退 40％；二、留用人員薪資減低 35％；三、外包平均工資降低 19％。執行之後，員工們的薪資與外界出現極大落差，如後來擔任董事長的徐強，其薪資比原來在大學任教還低，這是以往國營企業從未經歷之事。[171]2001 年 8 月 1 日，行政院經建會會議通過再生計畫，[172] 隨即開始推動。

對中船員工的衝擊

再生計畫預計資遣員工高達 2,500 人，第一階段是採自願登記制，從 11 月 30 日開始到 12 月 4 日截止，共計有 1,800 人登記，[173] 由於自願登記資遣的人數與所設目標差距不小，因此仍有許多非自願者遭到資遣，最後於 12 月 31 日共資遣、退休兩千三百多人，加上 12 月的薪水並未發足，使許多員工無心上班，整個廠區空蕩蕩，[174] 再生計畫就在這種氣

氛下啟動。

魏正賜回憶當時再生計畫對中船員工帶來的衝擊，仍覺得非常痛苦，當時他四十多歲，是正處於人生職涯的衝刺階段，卻碰到這樣的狀況，究竟要不要自願登記資遣，讓他掙扎許久，每天下午就騎著摩托車到柴山上看著海，思考下一步該怎麼走？公司狀況不好，家中小孩又還小，家人也希望他自願登記，但他每次將自願單提出去後，當天晚上就睡不好，第二天又拿回來，前後總共 3 次，最後與太太長談後才決定留下來。12 月 31 日當天，魏正賜甚至不忍面對同仁離職的傷感，乾脆請假一天。[175]

新董事長的 500 日維新

因再生計畫資遣的 2,300 多位員工中，有 254 位依考績強制資遣，其中有 130 人希望能回到公司，但中船最後決定只留用 62 人，由高雄市政府勞工局負責召集工業會、工會、被資遣員工代表、資方代表，共組 7 人評選小組決定人選，[176] 於 2002 年 6 月 10 日復職。[177]

這 62 名員工的復職，讓再生計畫的人事紛爭稍稍減緩，但挑戰卻未曾間斷，2002 年 6 月 19 日，因核四銲接爭議導致余辰南、江元璋下台負責，[178]7 月 1 日由徐強接任董事長，

[179] 總經理則由副總經理范光男暫代。

　　徐強是第一位接掌中船的學者，他在成大工管系擔任教授長達二十多年，後應當時經濟部部長林信義之邀，擔任中船董事。核四事件暴發，余辰南下台之後，林信義希望由內部董事尋找瞭解中船狀況的董事長，才能落實再生計畫，拯救中船。

　　徐強接任時，中船內部氣氛可說陷入谷底。因此，他不但經常深入基層與員工打成一片，向工會、中高階員工溝

▲ 過去的中船，從國營到民營化的過程中，曾經歷虧損、裁員、抗爭等過度期。（圖片來源：台船）

通，加強員工向心力，加上員工們經過再生計畫衝擊，格外
重視得來不易的工作機會，工作更加賣力，[180] 訂單陸續湧
入，配合世界景氣的復甦，中船開始轉虧為盈，在 2003 年 8
月 5 日員工開始復薪 3%，外界也認為徐強的「500 日維新」

▲ 再生計畫後，員工更賣力工作，加上景氣
　復甦促使業務滿檔，中船開始轉虧為盈。
　（圖片來源：台船）

成功，中船成功踏出再出發的第一步。[181]

民營化的完成

　　徐強 2 年借調期滿之後，在 2004 年 7 月 1 日回到學校，董事長一職由范光男兼代，後於 2005 年 9 月 30 日由盧峰海接任。這段期間，再生計畫持續實施，也獲得不錯的成效，原本乏人問津的民營化，陸續有公司表達興趣，讓政府的士氣大振，行政院於是設下目標，要求中船必須在 2003 年年底完成民營化，但是中船的民營化方案一直到 2003 年 12 月 22 日，才獲得立法院科委會通過，迫使民營化的目標再度往後拖延。[182]

　　盧峰海上任後面對民營化的方式是以現金增資，搭配出售股權，使公股持股降低至 50％以下，[183] 結果在 2005 年 10 月 19 日第一次招標時，只有一家台灣海陸運輸參與，導致流標，[184] 到了 2006 年 9 月 19 日第二次招標前，為了讓民營化順利，中船拜訪隔壁的中鋼，也獲得對方善意的回應，參與投標，但仍只有中鋼與台灣海陸運輸，使其二度流標，[185] 無論原因是外界所解讀的「買家等待低點進場」[186]，或是「中船財務仍有隱憂」[187]，都讓盧峰海無法在任內完成民營化目標。

盧峰海在 2007 年 6 月 8 日轉任正利航業，2007 年 11 月 30 日，由原高雄市副市長鄭文隆擔任董事長；同年，中船更名為台船。鄭文隆上台後，經過爭取，終於讓原本減薪 35％ 的員工，復薪 100％，恢復到再生計畫實施前的薪資，等於是宣布再生計畫成功落幕。再生計畫 2001 年啟動後，中船開始賺錢，2002 年賺 3 億元、2003 年賺 5 億元、2004 年賺 3 億元、2005 年賺 8 億元、2006 年賺 14 億元、2007 年賺 47 億元，直到 2008 年員工復薪完成，創下國營事業首例。

調整體質，朝目標前進

除了再生計畫的成功，鄭文隆對於民營化的政策也有所調整，改以「全民釋股」的方式為目標全力進行。2008 年 1 月 12 日由富邦證券負責公開釋股，4 月 30 日取得公開發行的資格，7 月 30 日送件證交所並通過審議。

但在民營化工作緊鑼密鼓之際，2008 年下半年暴發美國次貸危機，讓台船的上市蒙上一層陰影，鄭文隆認為如果不能在此時民營化、調整體質，台船就沒辦法迎接下一波好光景，[188] 為此他積極說服各級主管單位，如金管會、證期局，如期在 2008 年年底辦理民營化的釋股作業。

台船民營化是由經濟部釋出 51％ 官股股權，即 33.9 萬

張股票，其中 18％由員工認購，另外 33％採競價拍賣、公開申購兩階段對外辦理公開承銷，其中競價拍賣 13.1 萬張、公開申購 8.79 萬張，對外公開總承銷張數為 21.98 萬張。第一階段於 11 月 26 日至 28 日進行上市前股票競價拍賣，12 月 4 日開標，結果投標認購數額，遠遠超過競拍的 13.1 萬張，[189] 第二階段的公開申購也同樣引起搶購，12 月 12 日抽籤，正式完成民營化釋股作業，於 12 月 22 日掛牌上市。[190] 此次釋股，最為捧場就是自家員工，第一階段的競拍釋股，高雄廠 2,300 人中就有約一千九百多人參與競拍，[191] 對比再生計畫執行時的情形，可見台船這幾年經營的轉變。

　　民營化的過程，也是台船在 1990 年代及 2000 年代的縮影，由於民營化起源是因為虧損太多，而且一開始的設定是將廠區出售給民間企業，故以如何精簡人事，讓台船「更有賣相」，也能夠不再虧損為主軸，先有「再造計畫」，後有讓各界為之震驚的「再生計畫」，瘦身後的台船獲利逐步攀升，而民營化也改為以釋股的方式進行，終於在 2008 年年底實現，讓台船得以朝向下一目標前進。

邁向多元化
經營之路

台船自從民營化後,歷經金融海嘯、新能源崛起、疫情暴發到中美對抗等大環境變化,仍始終站穩造船基礎,並積極往各領域發展。

　　台船於 2008 年民營化成功至今,經營模式有極大改變,從以往的商船、軍艦為主,改為商船、離岸風電(海工事業)、國艦國造(軍艦及公務船艦)的多角化經營模式。這個變化主要也來自於國際局勢變化,這幾年從金融海嘯、新能源崛起、疫情暴發到中美對抗,都對台船的發展有著極大影響。

　　在台船民營化之前,全球造船業隨著海運景氣大好迎來榮景,各地造船廠都訂單滿載,積極建造新船,但 2008 年暴發金融海嘯,海運景氣瞬

間急凍，而新船卻在此時紛紛投入營運市場，於是造成運價
大跌、航商大賠，也就無力再造新船，使全球造船景氣進入
寒冬。

▲ 台船近年積極發展離岸風電相關海工事
業。（圖片來源：台船）

2020 年在新冠肺炎疫情影響下，全球運價大漲，也連帶使得沉靜許久的航商開始積極打造新船，造船景氣彷彿恢復，但緊接而來的俄烏戰爭，導致原物料大漲，也讓簽約的低價訂單，變成入不敷出的虧損來源，使得造船廠經營更加困難。[192] 民營化後的台船，面對如此艱巨的環境，逐漸調整腳步，從一個僅專注於造船的船廠，發展出其他事業，藉由多角化經營突圍而出。[193]

邁向多角化經營之路

台船民營化後，共歷經了 4 任 3 位董事長及 6 位總經理，面對上述席捲全球的劇烈變化，也積極思考如何應對，希望利用多角化經營，藉轉型度過這一波危機。

帶領台船完成民營化的鄭文隆，也是第一位實際推動多角化經營的主帥。他指出台船過往僅以造船為主，如果碰到造船產業景氣不佳，就會陷入經營的困境，所以應朝多角化經營前進，在其第一任董事長期間，成立台船第一間子公司「台船防蝕科技」（簡稱台船防蝕）。

鄭文隆完成民營化時，台船的總經理為李志城，2010 年 2 月 5 日，鄭文隆延攬前高雄副總廠長譚泰平接任總經理，譚泰平是台船的「黃埔一期」，海洋學院（今海洋大學）輪機

工程學系畢業，退伍後先進入台機造船廠工作，1972 年適逢中船招考，他順利考入，是建廠時就入職的元老級員工，從基層工程師，歷任品保檢驗課長、生產管制主任、廠長、副總廠長、副總經理。2001 年再生計畫時，譚泰平申請離職，轉任惠航船舶管理的副總經理及總經理。[194]

2010 年 12 月 27 日，鄭文隆卸任，譚泰平升任董事長，成為第一位由基層工程師升任董事長的台船人。[195] 總經理則由黃順章接任。

黃順章畢業於海洋大學造船工程學系，1973 年進入台船，從基層工程師做起，歷任生產、企劃、工安環保等部門主管，2007 年升任副總經理。他對於工作非常積極、專注與用心，所以對機械設備相當瞭解，對於進度、成本等數據也非常敏銳。考量到造船廠是個 3D 或 3K 產業，承攬商人數眾多，黃順章於 2010 年首創「大保險」保單，結合了承攬商人員、台船員工、廠房區域、外包區域場地等綜合式保險的計畫服務，以日計費，刷卡上班就有保障，同時人員管控與相關費用的作業也導入 ERP 系統，這張保單可說是台灣首創，提供廠內人員更多保障，其制度也一直沿用至今。

譚泰平於 2012 年 7 月 4 日屆齡退休，董事長一職由經濟部中小企業處處長賴杉桂接任。[196] 黃順章同樣於 2012 年

8月24日屆齡退休,由副總經理陳豐霖接任,陳豐霖畢業於海洋大學輪機工程學系,從台船基層做起,歷任生產、企劃、行政等部門主管,2010年升任副總經理,同樣對於台船非常熟悉。[197]

賴杉桂接任後,立刻進行通盤把脈,發現台船造船技術比南韓、中國強,具有競爭優勢,但也面臨人力老化、設備老舊、局限造船產業等發展瓶頸。因此,他訂出「台船公司精進躍升五年方案」,其中包括1個方案、6項計畫以及8個配套措施,以象徵「一路發」的「168方案」為名。6項計畫包括開創營運模式、研發設計創新、組織人力優化、精進生產效能、資訊科技應用及產業政策支持。[198]

其中組織人力優化,主因是台船建廠後多年虧損,在光華一號造艦後幾乎很少招募新血,反而多是像再生計畫的優離員工,也導致台船員工平均年齡偏高,賴杉桂在2013年1月24日宣布啟動民營化以來最大規模的徵才行動,招募上百位新血,10年內將換血約30％員工,不僅有助於減輕人事開銷,同時有利降低平均年齡。[199]

賴杉桂職掌台船期間,延續前2任董事長的多角化經營之路,轉型向重工和海事工程業務推展,除接獲卸船機等業務,並輔以再生能源為主體,投入波浪發電、離岸風力發電

工程等海洋工程業務，尤其是離岸風電逐漸成為發展重點。

期望增加非造船營收

168 精進方案以 2017 年降低營運成本 25％為目標，並將非造船營收比重由現行的 5％增至 20％，提升獲利並擴張事業版圖，朝向集團化發展，打造台船成為「海洋重工概念股」，[200] 可見面對造船產業國際寒冬之時，如何增加非造船營收，是台船主要課題。

2016 年政黨再度輪替後，6 月 23 日由鄭文隆回任董事長，他甫上任就表示台船正朝海洋集團邁進，朝潛艦國造、離岸風電、打造自有海事工程船隊和體質改善等四路齊進，[201] 以商船、離岸風電（海工事業）、國艦國造（軍艦及公務船艦）為三大經營主軸，其中固然延續民營化後台船的努力方針，也呼應新政府針對於國艦國造及離岸風電的期望。

2017 年 8 月 1 日，陳豐霖屆齡退休，原副總經理曾國正升任總經理。曾國正為成大造船工程學系畢業，台大造船工程研究所碩士，1980 年進台船任職設計課經理，擔任過行政、生產及業務副總等，曾兼任潛艦發展中心執行長。[202]

曾國正於 2021 年 2 月 2 日請辭獲准，由鄭文隆暫代，[203] 後由副總經理魏正賜升任總經理。

魏正賜1973年4月以練習生身分進台船,由鉗工入門,從學徒跟著師傅練基本功,1980年10月參加公司甄選保送聯合工業專科學校二年制機械班就讀,畢業後回公司任職,並赴高雄海洋科技大學輪機工程系進修、取得學位。

他自艤裝工廠的基層做起,汲取實際經驗、累積專業能力,加上工作負責認真的態度,獲長官肯定,一路升職為主任、生管課長、副廠長、廠長、副總經理、兼任台船防蝕總經理,到接下台船總經理一職。

民營化之後,在歷任董事長及總經理的努力下,商船業務營收占比已從長期以來的90%以上降至約20%;國艦國造的業務則大幅成長,從早年的10%以下提升至約60%,以離岸風電為主的海工業務也逐步提升至約10%,形成三大主軸,尚有修船等其他業務。[204] 台船希望改變以往僅靠造船的業務方向,積極打造海洋相關工業,並相繼成立子公司,建立多角化的海洋工程集團,首先成立的是台船防蝕,目前最主要的則是離岸風電產業。

以離岸風電為主的海工業務

台船防蝕是由鄭文隆所成立的子公司,構想來自於台船所具備的優異塗裝技術;後來進行改造,除了強化台船防蝕

的專業之外，還承攬台塑雲林麥寮廠的工程，也希望未來能夠結合離岸風電的相關防蝕技術，這些改變，讓台船的防蝕營運逐漸好轉。[205]

在海洋工業的發展中，離岸風電是台船可以介入的領域。由福海風力發電所規劃，在彰化縣芳苑鄉外海設置風力機，以建置離岸風場，可說是台灣最早期建立的風力發電離岸系統，[206] 並於 2015 年完成海氣象觀測塔。[207]

台船開始進入離岸風電工程後發現，建設離岸風場需要大量且特殊的海事工程船舶，而這些大型海事工程船舶多在歐洲，動員來台費用高且容易受制於歐洲廠商，對於國內離岸風電產業發展實屬不利。為推動與歐洲廠商的合作以及建立國內海事工程產業鏈，台船於 2016 年 11 月廣邀國內海事工程相關產、學、研單位，共同籌組「離岸風電海事工程產業聯盟」（Marine Team, M Team），共有二十多個單位加入，[208] 也透過這個聯盟，開始與許多外商進行合作。[209]

由於離岸風場的開發與運維，需要很多特殊船，例如水下基礎結構高 60 至 90 公尺，可預見大型駁船需求會很大，還有風機大型安裝船等，為此，台船與比利時商 DEME Offshore 於 2019 年 2 月合資成立台船環海風電工程公司（CSBC-DEME Wind Engineering Co., Ltd.，簡稱台船環海風

電），成為台船另一個子公司，供應離岸風電各式船舶，[210]再結合台船防蝕的結構防蝕塗裝工程，台船的業務版圖從傳統造船業，延伸到海事工程專業，不但包含水下基礎製造、海事工程規劃、海工運輸及施工、防蝕工程，更提供海事工程船舶等完整供應鏈。[211]

台船環海風電與台船於 2020 年 6 月 30 日簽約打造國內首艘離岸風電大型浮吊船（Marine Installation Vessel, MIV）「環海翡翠輪」，於 2023 年 7 月正式投入營運。這艘船全長 216.5 公尺、寬 49 公尺，載貨面積 8,200 平方公尺，相當於 1.3 座足球場，可載貨物重達 6 萬噸，搭載 4,000 噸等級吊車及 DP3 動態定位系統，吊車的吊臂舉揚高達 165 公尺，可將相當於 3,000 輛汽車重量的構件吊到 30 層樓高，能協助離岸風場開發廠商進行新型水下基礎，及新世代大型風機運輸與安裝作業。[212] 環海翡翠輪堪稱海上工廠，以往能打造這種海事工程船的廠商多在歐洲，台船要發展就要拚本土化，自己設計、建造、摸索，終於大功告成。

其實建造期間遭逢原物料大漲、加上歐規要求、技術困難、匯率變動、人力短缺及新冠肺炎肆虐效應等種種挑戰，造成工程成本遽增，可謂艱困異常，最後終於在台船團隊的毅力下，順利完工。這艘船的誕生，不僅是台船完成階段性

任務，也象徵台灣邁入「海上施工的新紀元」。[213]

潛艦國造的夢想實現

台船成立目標之一，就是建造台灣所需要的公務船艦，舉凡海軍軍艦、海巡、海關緝私艇，都是台船主要服務對象，尤其是捍衛台灣的海軍，從光華一號開始，就與台船密切合作。近幾年國艦國造為台船發展重點，其中「潛艦國造」更是台灣長久以來的夢想。

對海島型國家而言，潛艦可有效嚇阻敵人，但台灣缺乏製作潛艦的關鍵技術，一直無法完成心願。2001 年美方決議出售台灣 8 艘潛艦，台船就極力爭取在台製作，但不僅海軍對於台船技術有所疑慮，美方的 8 艘潛艦也遲遲未見蹤影，台船雖啟動潛龍計畫，終究未能實現。

台船技術是否可行，一直是爭論不休的議題，國防部經過多次討論後，遂決定先以修復古董級的海獅、海豹艦做為測試，於 2015 年啟動，[214] 由台船在 2017 年開始進行修復，[215]2019 年順利完成，證明潛艦國造的技術可行。

2016 年政黨輪替後，政府全力推動潛艦國造，啟動興建潛艦的「海昌計畫」，台船隨即將 2001 年成立的潛艦小組，於 2016 年 8 月改為「台船潛艦發展中心」，[216] 展現強大企

圖心,也順利於 2016 年 12 月 22 日得標國防部潛艦國造委託規劃設計案,由台船扮演潛艦建造國家隊隊長角色,整合相關零組件供應廠商能量。[217]

海昌計畫中最關鍵部分就是美國所提供的技術。台灣潛艦所需零組件分為「紅區」、「黃區」、「綠區」3 類:「紅區」為尚無研製能力,須尋求他方援助的技術,包括戰系、聲納帆罩、潛望鏡、柴油主機、魚雷、飛彈系統等;「黃區」為取得困難、但有自製潛力的零件;「綠區」則為可自行生產的設備。

以往在美國不願提供紅區零件的情況下,台灣潛艦計畫只能中止,但 2016 年美國川普政府上台後,中美展開對抗,川普政府於是核准海昌計畫所需的紅區裝備,讓潛艦國造終於美夢成真。[218]

研發製造船用鋰電池

在執行潛艦國造的過程中,為了潛艦動力,台船於 2021 年成立以製造鋰電池為主的「台船動力科技公司」(CSBC Power Technology,簡稱台船動力),原與佞得國際、有量科技、安能創意合資,後來佞得國際、有量科技陸續退出,由台船承購其股份。台船動力除了鋰電池外,也積極發展商

用電池，因此後來得以承接高雄輪船公司的渡輪案。[219]

　　經過 4 年的努力，台船突破各項裝備商源取得的困難，各項設計技術的挑戰，還有新冠肺炎疫情引發的各種影響，終於在 2020 年 11 月 24 日由總統蔡英文按下啟動按鈕，「灣

▲ 因應政府推行國艦國造政策，台船與海委
會海巡署積極合作，協助建造多艘巡防艦。
（圖片來源：台船）

板機」將第一塊鋼板彎製成型，象徵潛艦國造正式開工。[220]

國艦國造的執行

潛艦國造是台船執行國艦國造中最重要的部分，除此之外，國艦國造還包含海軍軍艦、海巡船及海關緝私艦等，台船都積極配合，這幾年來國艦國造的業務也逐步攀升，占台船總營收約 60%。

海軍軍艦是台船建廠後的主要業務，從光華一號到光華六號台船都有參與，在光華六號飛彈快艇後，台船與海軍的合作為油彈補給艦「磐石號」及「鴻運計畫」的萬噸級兩棲船塢運輸艦「玉山艦」。

海軍原僅有一艘油彈補給艦「武夷艦」，不易滿足平戰時任務需求，於是決定籌建整補能量佳、機動力強的油彈補給艦，2015 年完成排水量高達 2 萬 500 噸的新一代油彈補給艦磐石號，除具備整補能力外，更將醫療救援功能納入設計規劃。磐石號船上具備野戰醫院等級的醫務艙，設置有防治傳染病源的負壓隔離病房及手術室、牙醫室，內視鏡、血液分析儀、移動式 X 光機與超音波機也一應俱全，可參與國際的人道與醫療救援。[221]

除了油彈補給艦外，海軍現有的戰車登陸艦及船塢登

陸艦，也因老舊逾限而產生眾多問題，於是以鴻運計畫為代號，籌建新型兩棲船塢運輸艦原型艦「玉山艦」，2018 年由台船得標，並於 2022 年完工交艦。

這艘兩棲船塢運輸艦玉山艦，是海軍第二代的玉山軍艦，之前的玉山軍艦是山字號巡防艦，1999 年除役拆除。[222] 新的兩棲運輸艦玉山艦全長 153 公尺、寬 23 公尺、滿載 1 萬 600 噸，平時提供海軍離島物資運補、人員運送，發生災害時可執行救災，成為海上臨時野戰醫院或國際人道救援，戰時編入兩棲特遣部隊，執行增援、應援及外離島歸復作戰。

玉山艦配備 4 座海劍二防空飛彈系統、1 座 MK-75 型 76mm 快砲、2 座 MK-15 方陣快砲，可停放 2 架直升機，並裝載 LCU 及 LCM 兩棲登陸艇、AAV-7 兩棲突擊車、悍馬車等載具，可搭載 673 名官兵。[223]

除了海軍造艦外，台船也與海巡署積極合作，協助建造 15 艘 100 噸級巡防救難艇及 4 艘 4,000 噸級巡防艦、6 艘 1,000 噸級巡防艦。其中最具代表性的是 4,000 噸級巡防艦，前 2 艘「嘉義艦」、「新竹艦」分別於 2021 年、2022 年服役，第三艘「雲林艦」也於 2023 年下水。

此型巡防艦滿載排水量可達 5,044 噸，能承受 10 級強風、續航力 1 萬浬。並配有 3 組射程達 120 公尺的高壓水砲，

做為海巡人員在海上執行任務時倚賴的重要配備。[224]

除海巡署外，台船也協助財政部關務署打造 4 艘百噸級巡緝艇，分別是海隆艇、海鷹艇、海格艇、海雄艇，這 4 艘新艇是下鋼上鋁，船舶輕巧結構強，偵蒐裝備配有低光源偵測功能夜視系統及星光夜視雙筒望遠鏡。[225] 讓海關執行海上查緝能力時如虎添翼。2023 年已全部交船完畢。

整體而言，國艦國造是民營化後台船營收的主力，未來也仍是台船業務的主軸之一。

完成不可能的任務

2023 年 9 月 28 日，舷號 711 的 IDS 原型艦「海鯤軍艦」擲瓶下水，為台灣國防及潛艦寫下自製里程碑。蔡英文在下水典禮中致詞：「歷史將會永遠記得這一天！過去，潛艦國造，被認為是『不可能的任務』，但今天，由國人自己設計、打造的潛艦，就在大家眼前。我們做到了！」

而這個願望，在 60 年前就已經許下，如今終於達成。鄭文隆露出暖心笑容，難掩喜悅：「歷經一甲子，六任總統有自製潛艦的夢想，終於在我們這個時代被實現了！」

一甲子的起始點是 1964 年。當時的總統蔣中正向義大利訂購兩艘微型潛艦，並成立海軍第一個操作潛艦執行任務

的單位——海昌隊，目標就是希望台灣有自己的潛艦部隊；其後歷經蔣經國、李登輝時期，向美國購買潛艦的想法始終存在，卻徒勞無功。

2001 年總統陳水扁時期，當時的美國總統小布希宣布

▲ 2023 年 9 月 28 日，IDS 潛艦「海鯤軍艦」命名暨下水，為台灣國造潛艦寫下自製里程碑。總統蔡英文（第一排中）、高雄市市長陳其邁（第一排左六）、立法委員、部會首長、外國使節，及台船董事長鄭文隆（第一排左一）暨主管參與此典禮活動。（圖片來源：台船）

售台 8 艘柴電潛艦，但同樣只聞樓梯響，沒有成行。總統馬英九上任後，美方繼續擱置 8 艘潛艦出售案，使政府終於在 2014 年下定決心，開始規劃「海昌計畫」潛艦國造案。

2016 年蔡英文上任，拍板定案潛艦國造政策，鄭文隆回鍋擔任台船董事長，就是以「國艦國造」為首要任務。2016 年 12 月 21 日啟動，4 年的合約設計、爭取國外裝備輸出許可的籌備期，台灣第一艘 IDS 潛艦在 2020 年年底正式開工。

面對一場艱難造潛艦的戰役

台船六年多來陸續投入八百多人，如果再加上軍方、中科院，一共動員上千人，在台船潛艦國造的海昌工廠，進行海昌計畫。

海昌計畫是史上第一次由台船、海軍造船發展中心、執行潛艦作戰的 256 戰隊、中科院等四個單位合署作業；由國安會諮詢委員（前海軍司令及參謀總長）黃曙光擔任國造潛艦的召集人，民間則是由鄭文隆帶領台船，他表示：「我們每天都和肩上掛著星星的軍人，一起工作、接受挑戰、完成任務！」

鄭文隆以「一場戰役」形容這兩千多天合署辦公的日子。「國造潛艦大家都是第一次，我們邊做、邊討論、邊

學，每天都有狀況、也都有問題要解決，但也是在這樣的過程中⋯⋯」更難掩驕傲地說：「這支千人團隊，帶著替國家打造首艘潛艦為榮的使命感，匯集起強大的自製潛艦實力。」

有使命感就會有熱情，也會有向心力。海昌工廠廠長為了讓參與製造潛艦的人員有凝聚力、榮譽感，特地設計了黑色與海軍藍、淺藍、白色組成的「海昌工廠專用臂章」，30道黑色環肋象徵海昌工廠突破建造潛艦的關鍵技術；環形錨鍊代表海軍與台船環環相扣不可分的關係，更代表接納心血培育後續造艦人才、傳承堅毅不屈的海昌精神，包覆於錨鍊內為大家共同信念、支持國家戮力完成的國造潛艦。

為此，海昌工廠特地舉行授章儀式，由鄭文隆將臂章一一掛到 24 小時輪三班造艦的潛艦製造人員工作外套上，「現場氣氛充滿榮譽感和使命感，真的很感人！」

但軍方的軍事管理和民間習慣的柔性管理大相逕庭，一起進駐海昌工廠，該如何協調？「一開始雙方難免有磨合期，但是因為有共同目標，雙方很快就找到彼此之間最美好的合作節奏，也讓工作效率變得更高。如果有記者採訪，問我海昌計畫可以提前 8 個月完成的關鍵？我一定回答：合署作業，」鄭文隆說。

軍人的養成過程和台船工程人員的培養歷程截然不同，

在初期合作階段也產生了甚大的摩擦，執行專案的台船方面負責主管也更換了四次，直到副總經理蔡坤宗接任後，以其超高的情緒管理與極佳的工作態度帶領大家，整個團隊的運作模式才算是穩定下來。

40%的本土自製率

鄭文隆也分享，在潛艦建造過程中，最困難的是取得各種裝備與零組件，台船希望藉由潛艦國造的專案，能持續推動本土化製造的能量，帶動產業發展。因此，近年來台船邀請近一百家的本土廠商參與潛艦材料、設備、零組件的提供及製造，包括中鋼、中科院等知名公司及機構，對於國內船艦產業及金屬工業技術的提升，有著實質意義，他說：「這艘首艦的本土自製率，大約有40%。」

除了各式零組件與裝備之外，製造潛艦的廠房及內部機具，隨著原型艦的預算投入建置，目前也已完備，未來將擔負起後續艦建造及維修的責任，而7年來參與團隊的所有人員，包括設計、技術、專案管理人員，以及參與研究的學術界、承包商們，也都因為這個專案累積了經驗與技術實力，未來將共同肩負起後續艦繼續優化、精進的責任，對於厚植水下船艦產業在台灣的能量，有著極大的貢獻。

靠著使命感與熱情堅持下去

鄭文隆感性地說：「這麼多年來，我們靜靜地推展工作，並不代表建造過程順利，其實箇中曲折是外界無法想像的。」但團隊以超乎常情的工作態度，承擔壓力，發揮異常卓越的毅力、耐力，以及解決困難的高度智慧，突破所有困難與挑戰，這些挑戰不是偶爾發生，而是不斷出現，團隊也一次又一次地面對、突破、解決。

蔡英文也分享：「2016 年，我將潛艦國造這項艱巨的任務，交付給當時的海軍司令，也就是黃曙光諮委。當時，他找了鄭文隆董事長，兩位一起扛起了重擔。這七年多來，黃諮委和鄭董事長沒有一天睡得好。黃諮委曾經講過一句話：『我把台灣的國家安全，放在第一位』。所以，他們親力親為，帶領團隊，全程參與了潛艦建造，每進入一個新的階段，我見到黃諮委和鄭董事長，他們的頭髮愈來愈白，但是眼神卻是愈來愈堅定，我就知道，我們一定可以完成這項任務。」

事實上，在推動潛艦國造的過程中，面對許多外界的壓力與困難，但潛艦是海軍在戰略及戰術上，發展「不對稱戰力」的重要裝備，國防軍備除了對外採購之外，更要落實國防自主，才能持續更新戰力，提高國防韌性；而潛艦又是造

船工藝的最高標準，唯有具備自製能力，才能帶動台灣產業的發展與升級。因此，潛艦國造不只是目標，也是台灣堅定守護國家的具體實踐。

攸關國家安全的潛艦國造

而國防部海軍司令部也表示，近年來推行國艦國造政策，已獲得相當卓著的成果，其中潛艦國造則具有戰力指標性與代表性。往後，海鯤軍艦將以安全為優先，嚴謹執行「泊港測試」（HAT）及「海上測試」（SAT），以達成「提升國防戰力」、「強化自製能量」、「帶動產業發展」的目標，展現國防自主成果與捍衛台灣的決心。

實現台灣長久以來的潛艦夢想之後，台船的夢想又是什麼？想了 3 秒鐘，鄭文隆這麼回答：「經過 3 年的淬煉，潛艦製造國家隊已經成形，我們證明了台灣有自製潛艦的實力，希望能夠將這股能量延續下去，為台灣組成一支精良的『國造潛艦部隊』。」而台灣具備這樣的技術實力，也已經累積了實際的經驗，這場關乎著產業升級發展的夢想，將帶領台灣迎向光明的未來，每個人都拭目以待。

海鯤軍艦命名由來

　　台灣自製首艘、代號 1168 的 IDS 潛艦，由總統暨三軍統帥蔡英文命名為「海鯤軍艦」。

　　海鯤軍艦的「鯤」字取自《莊子・逍遙遊》，有巨大、隱匿不易察覺，動靜皆難以掌握之意，加上台灣有「鯤島」的雅稱，故以「海鯤」命名，象徵台灣首艘自製潛艦具備隱密、奇襲、深海出擊的特性，同時彰顯出鯤行萬里、威震海疆、捍衛國家安全的意義。此外，海鯤軍艦的舷號「711」，象徵著「跨越世代」及「超凡卓越」的意涵。

海昌工廠專用臂章

離岸風電與
海工業務

從台船防蝕到台船動力，從離岸風電、石化工業到環海翡翠輪，台船在民營化之後，積極開拓嶄新、多元化的海工業務，逐步摸索出自己的天地。

　　台船對於工程業務的多元化經營，其實早已開啟，在民營化之前，由於造船廠的銲接技術較佳，因此如核能電廠的銲接工程，都是由台船承攬。但當時台船的主要目標放在商船建造，對於工程業務的發展，並未太過重視。

　　民營化後，鄭文隆努力推動台船的轉型，在 2010 年運用

▲ 台灣第一艘風電浮吊船「環海翡翠輪」在
2023 年完成，為台灣離岸風電發展帶來極
大影響。（攝影：黃鼎翔）

台船原有的塗裝工程能力，成立第一個子公司──台船防蝕，經過十餘年的發展，開始獲利，成為多元化經營下，第一個開花結果的案例。

在台船防蝕後，台船看到離岸風電的風潮，決定加入發展行列，經過數年摸索，對準離岸風電所需的海事工程船舶，成立台船環海風電，2023 年完成了台灣第一艘風電浮吊船環海翡翠輪，預計將為台船帶來更多的榮耀與收益。

第一個成立的子公司：台船防蝕

台船防蝕成立於 2010 年 9 月，為鄭文隆在台船第一個任期內所成立的子公司，當時的構想是基於台船本身優異的塗裝技術，因應多角化業務延伸，與永記造漆工業共同設立。但隨著鄭文隆第一任期結束、卸任，台船防蝕的起步並不順暢，連續 6 年虧損，還曾經因為工程進度嚴重落後而被台塑停權 2 年，無法參與競標，變成只能依靠母公司台船管理費支援的子公司。

2016 年，鄭文隆回任台船後，決定對台船防蝕進行企業改造，大幅更動人事，停止由台船轉移塗裝工程案及管理費，讓其能夠自給自足，並指派當時台船副總經理魏正賜出任總經理。魏正賜上任後，延攬曾擔任台船優秀協力商的陳

秋妏出任副總經理，以民間企業的角度及執行力，替台船防蝕重造注入新活水，同時徹底檢視公司營運狀況及人事等問題，著手進行整頓改革，翻轉公司體質，也在台塑燃燒塔OL1 案及高鐵防水停車場維修交出亮眼的成績單，重拾業界對台船防蝕的信心。[226]

2018 年開始轉虧為盈後，台船防蝕不僅繼續承攬原有的台塑雲林麥寮廠工程，也接下台塑化的「塑化廠管線架標案」、[227] 興達海基的「沃旭大彰化案 56 座水下基礎防蝕塗裝工程」，[228] 在連續多年獲利下成為台船的金雞母。

2022 年台船防蝕更接受母公司台船的委託，在小港區興建住宅「船佳堡」，售予台船集團內部員工，藉此吸引人才留任。該建築與結構安全創辦人戴雲發團隊攜手合作，採用創新建築「Alfa Safe 耐震系統工法」施作，不僅符合 ESG 所推動的低碳工法認證，同時對環境永續有正向發展，更結合台船集團內多項專業技術，例如台船執行船艦建造精工SOP、台船防蝕科技塗料技術運用、台船動力儲能及太陽能科技等，展現台船工業技術，並獲得國家最高榮譽國家建築金質獎，讓台船防蝕順利轉型，進而跨足建築，成為更多方位的公司。[229]

鄭文隆曾把台船防蝕的經營方式定調為專業營建管理

▲ 台船防蝕憑藉著優異的塗裝技術，接下許
多工程，為台船帶來不少獲利。（圖片來源：
台船）

（Professional Construction Management, PCM）公司，所謂的
PCM 公司，是土木工程界普遍流行的一種經營型態，以最少
人力資源，結合周邊團隊進行工程執行。[230] 台船防蝕已經展
現如此潛力，成為台船集團中不可或缺的事業體。

切入離岸風電

台船的發展歷史，與「能源」有奇妙的關連。初建廠
時，受到石油的影響甚大，不論是以造大油輪為出發點的建
廠，或是後來受到石油飆漲帶動的通膨，墊高台船經營成本
的歷史，都還歷歷在目。而在轉型後，台船看上的是新能源：
離岸風電，希望能藉此開創新局。

隨著社會的快速發展，人類對於能源的需求逐年升高，
20 世紀從煤炭轉換到石油，後來又有核能的興起，但在見證
煤炭、石油對於環境的破壞，以及車諾比、311 歷次核災後，
焦點因此轉移到綠色新能源，包括太陽能、風力，台船便以
風力發電為主。

台灣的風力發電始於 2000 年政府頒布的《風力發電示
範系統設置補助辦法》，台灣電力、台朔重工、正隆等依據
前述計畫投入風力發電廠開發，台朔重工的麥寮風力發電廠
為台灣首座風力發電廠。2012 年政府公布《離岸風力發電

示範獎勵辦法 》，開發風力發電朝離岸風電邁進，由於離岸風電常在海上，對於海工業務熟悉的台船也在此時進入離岸風電的布局。

2013 年 1 月，台灣離岸風場示範案開標，由福海風力發電（ 永傳能源 ）、海洋風力發電（ 上緯企業 ）、台灣電力 3 家得標。其中福海風力發電是由永傳能源於 2015 年出資成立，台船於 2016 年入資成為股東，規劃在彰化縣芳苑鄉外海 11 公里，水深 25 至 40 公尺處設置 30 架風力機，裝置容量達 108 兆瓦（ Megawatt, MW ）的離岸風場，經濟部能源局於 2013 年 10 月 28 日與其簽署示範獎勵契約，是台灣最早期建立的風力發電離岸系統，[231] 並於 2015 年完成海氣象觀測塔。[232] 另外台船也與永傳能源成立了台灣離岸風場服務公司（ TOWSC ），但上述 2 間子公司後來因福海風場環評受挫及合資公司財務問題而未能繼續發展。

台船環海風電的成立

根據國際工程顧問公司 4C Offshore 於 2014 年所發布的平均風速觀測研究資料顯示，全球前 20 大最佳風場，台灣海峽即占 16 處，達八成，顯見台灣確實有發展離岸風電的絕佳環境，這也使得國外重要公司紛紛前進台灣，尤其是

2016 年政黨輪替後，強力推動再生能源，使台灣的離岸風電邁入新的局面。

2018 年政府展開離岸風電大規模開發，公布《離岸風力發電規劃場址容量分配作業要點》，全球相當重要的外商，如：丹麥沃旭能源（Ørsted）、哥本哈根基礎建設基金（Copenhagen infrastructure Partners, CiP）、加拿大商北陸電力（NPI）、新加坡玉山能源（Yushan Energy Pte., Ltd.）、澳洲麥格理（Macquarie）及德國達德能源（WPD）均來到台灣，台灣已成為離岸風電必爭之地。[233]

國外大軍來襲，台灣自然也不能缺陣，在台船及中鋼的領導下，分別成立了台船領軍的「離岸風電海事工程產業聯盟」（Marine Team），簡稱 M Team，以及中鋼為主的「離岸風電零組件國產化產業聯盟」（Wind Team），簡稱 W Team。M Team 由台船集結台灣重量級海事工程廠商所組成，已於 2016 年 11 月成軍。

主導 M Team 的鄭文隆分析，離岸風場需要大量且特殊的大型海事工程船舶，這些船舶目前多在歐洲，動員來台費用高，且掌控在歐洲廠商手上，對於國內離岸風電產業發展實屬不利，[234] 許多台灣廠商因此吃足苦頭。[235] 因此 M Team 成敗，十足關鍵。

若以經濟部欲在 2025 年完成累積裝置容量 5.5 億瓦（GW）的離岸風場目標來看，其中海事工程部分，預估有 1,500 億元的產值。台船特別挪出基隆廠部分廠區，規劃為水下基礎的轉接平台和基樁的專業生產工廠，更安排高雄廠區機械廠的生產線，規劃為桁架式水下基礎轉接平台的專業生產線。[236]

在這一波風潮中，台船不像前一階段直接經營，反而結合自己本業，從海事工程船舶切入。由於離岸風場開發與運維，需要很多特殊船，例如水下基礎結構高 60 至 90 公尺，可預見大型駁船需求會很大，還有風機大型安裝船等，為此，台船與比利時商 DEME Offshore 於 2019 年合資成立台船環海風電，供應離岸風電各式船舶。[237] 結合台船防蝕的結構防蝕塗裝工程，台船的業務版圖從傳統造船業，延伸到海事工程專業，不但包含水下基礎製造、海事工程規劃、海工運輸及施工、防蝕工程，更提供海事工程船舶等完整供應鏈。[238] 台船環海風電最著名的代表作，就是 2023 年興建完畢的環海翡翠輪。

環海翡翠輪的誕生

2023 年 6 月 30 日，在行政院副院長鄭文燦主持，經濟

部部長王美花擔任命名及擲瓶人，全場三百多位貴賓共同見證台灣第一艘離岸風電全迴旋海事工程浮吊船環海翡翠輪的誕生，自 7 月起投入中能風場及接續的海龍風場施作，成為離岸風電的即戰力、生力軍，是台船多元化最亮眼的成績。

「環海翡翠輪」由台船環海風電與台船於 2020 年 6 月 30 日簽約打造，為國內首艘離岸風電大型浮吊船，全體台船員工歷時 3 年趕工，即使在農曆春節連假、端午佳節也未曾停歇，終於如期完成環海翡翠輪各項測試並取得證書，順利交船，隨即於 2023 年 7 月開始投入營運。

這艘船全長 216.5 公尺、寬 49 公尺，載貨面積 8,200 平方公尺，約 1.3 座足球場大，可載貨物重達 6 萬噸。搭載 4,000 噸等級吊車及 DP3 動態定位系統，吊車的吊臂舉揚高達 165 公尺，相當於可將 3,000 輛汽車吊到 30 層樓高，可協助離岸風場開發廠商進行新型水下基礎及新世代大型風機運輸與安裝作業，[239] 這不僅是台灣第一艘，也是目前全球第二大型的風電浮吊船，是台船有史以來造價最高的商用船舶。

這艘船最引人矚目是它的吊臂，全長 165 公尺，將近 55 層樓高，可以一次吊起海軍中型軍艦，將主導整個海上工程。2023 年 6 月 6 日，晚間 9 點左右，董事長、總經理及各主管均在碼頭邊集結，晚間 23 點正式開始測試，歷經 6.5 小

▲ 環海翡翠輪的吊臂全長 165 公尺，可一次
吊起中型船艦，預期可主導整個海上工程。
（圖片來源：台船）

時，於隔天清晨 5 點 30 分成功地完成最重要的 4,400 噸駁船吊掛荷重測試。測試成功後，全船幾乎大功告成，鄭文隆開心地和大家開香檳慶祝，並感謝所有工作同仁全心全力地付出，[240] 足見這 3 年來，台船花費在這艘工程船的精神與心力。

促進再生能源發展

台船能完成環海翡翠輪，也是技術上的再一次突破，以往台船都專注於商船，環海翡翠輪類型的工程船對台船來說是一大挑戰。魏正賜指出，這是他從業 52 年以來最複雜、工作量最大的一艘船，全程由國人自行完成設計精進與建造，技術難度非常高。

目前全球浮吊船因應各地風場開發，奇貨可居，十分搶手，環海翡翠輪的誕生，將是證明台灣能自建風場的重要指標。此輪正式投入營運之後，預期台船環海風電可以在未來台灣離岸風場建置作業，甚至於鄰近東南亞國家的離岸風場建置作業，占有舉足輕重的地位。[241]

台船環海風電的另一個母公司：DEME 集團董事長 Luc Bertrand 也特別來台出席環海翡翠輪的交船典禮，他指出，像歐洲的 Orion 以及環海翡翠輪此類海事工程安裝船非常稀有，正因為如此，台灣現在誕生了此艘革命性的全迴旋浮吊

式 DP3 安裝工作船，未來將能夠投入台灣海峽的各風場使用，確保國內的安裝能量，著實成為一股促進台灣再生能源發展的巨大推力。[242]

環海翡翠輪是台船邁向多元化的代表作，在離岸風電逐漸成為新能源的重要一環，而台灣又具有極佳的地理位置，海事工程船絕對是未來最為需要的特殊船型，以往沒有打造這類型船隻經驗的台船，憑藉著學習與努力，成功完成了環海翡翠輪，將是台船邁入下一個 50 年，最重要的起點。

海工業務的開花結果

民營化後，台船綜觀大局，喊出「多元化」的目標，三大主軸中，商船與國艦國造，其實在民營化前多所涉獵，而幾乎全新開始的是海工業務，台船也利用 50 年來的經驗，逐步摸索出屬於自己的一片天空。

首先是利用原有塗裝的優勢，成立第一個子公司台船防蝕，雖然一開始步履蹣跚，但在經過企業改造及調整後年年獲利，跨足營建也達到如預期的好成績。

而近幾年來海上討論最熱烈的工程：離岸風電，台船自然也不放過這個好機會，經過第一階段調整後，第二階段開始以海事工程船舶為基礎，與比利時的 DEME Offshore 合

資成立另一個子公司：台船環海風電，並經過 3 年努力，在 2023 年完成台灣第一艘風電浮吊船，開始投入風場作業，也會是未來台船獲利主要來源之一。

　　除此之外，台船另一個專注於水下載具大型電池及電動船打造的子公司：台船動力，也是極具潛力的明日之星，在子公司三箭齊發的情形下，台船的海工業務廣被看好，而這幾年台船更努力朝石化基礎建設進行，除原來就有的台塑雲林麥寮廠相關工程外，2023 年 7 月也得標中油的「大林石化油品儲運中心槽車裝卸工場統包工程」，這將是另一個極具發展潛力的項目，將帶領台船轉型為四角多元化業務逐步高飛。

創新

4

造船，就是一場團隊合作
其艱巨過程超乎一般人想像
台船以生命投入的心意
寫下一篇又一篇的傳奇

帶領台船
重返榮耀

鄭文隆接任台船董事長合計超過10年，不僅是台船民營化、多角化的總舵手，更期待能早日帶領台船重返榮耀。

　　從工程界到造船產業，鄭文隆坦言是一個偶然，但是在他的專業領域中，從來不畏懼挑戰「不可能的任務」，過去的雪山隧道工程及高雄捷運如此，在台船時代的大型浮吊船與潛艦也是如此。

　　為了承擔與奉獻，鄭文隆兩度接任台船董事長，不僅帶領台船邁向民營化，更期待能夠配合

▲ 在台船擔任董事長超過 10 年的鄭文隆，是
推動台船民營化、多角化經營模式的重要推
手。（攝影：連偉志）

國家國防自主與能源轉型的目標，引領台船多元發展。

從偶然到必然

鄭文隆畢業於台大土木工程學系，到美國取得華盛頓大學土木工程碩士與博士學位，回國後在台灣工業技術學院（現為台灣科技大學）營建工程系任教，後來從教職轉到公部門服務，先後擔任交通部國道新建工程局副局長、局長及行政院公共工程委員會副主委，是國道 3 號、5 號與東西向國道等公共工程的重要推手。

2005 年初，在當時將接任高雄市代理市長陳其邁的延攬下，鄭文隆到高雄市政府擔任副市長，大力推動高雄捷運工程與諸多公共建設，歷任過三任高雄市市長。他笑說，每次新市長上任時，都想隨著市府團隊的異動而去職，但每次都被新市長留下來；直到高雄捷運完工後，他才正式離開高雄市政府，但市府仍然希望他繼續留在高雄，有事仍可請他就近協助。

「來到台船完全是一個偶然，」由於在工程專業與管理上的長才受到肯定，鄭文隆在 2007 年年底被推薦擔任台船董事長，上任後才發現，這家國營事業的董事長已經懸缺三年之久，多方探詢下才知道原來沒人敢接這個燙手山芋，但

他仍勇於扛起整頓台船的重責大任。

　　鄭文隆分享，當時台船營運狀況不好，辦公室設備老舊，陷入長期虧損，雖然經過再生計畫裁員減薪，又遇上航運市場復甦，才開始出現獲利，但仍有不少問題，亟需大刀闊斧進行改革。

重啟民營化作業

　　鄭文隆接任台船董座的第一個重大任務，就是重啟民營化作業，雖然先前兩次嘗試都以失敗告終，主管與同仁意興闌珊，但他還是決定要拚看看，於是，在 2008 年 2 月 16 日親自接手民營化小組，改採工程作業模式，按照明確時程逐步推進。

　　不巧的是，當年遇上全球金融海嘯，資本市場一片低迷，幾乎所有進行首次公開募股（Initial Public Offering, IPO）的公司都撤案了，但鄭文隆仍然獨排眾議、堅持推動下去。時任經濟部國營會的副主委問他：「你為何一定要在這個時間點民營化？」他斬釘截鐵地回答：「如果不民營化，就沒有競爭力，一切都要受制於《採購法》，沒法跟國外船廠競爭。」經濟部也認同他的看法，便轉而支持台船繼續推動民營化。

然而，受到大環境的影響，主辦券商富邦證券不看好，對於相關作業並不積極，台船只能自立自強。

當時發動全民釋股，採競價拍賣搭配公開申購抽籤的方式，台船也鼓勵員工認購股票，但考慮到員工沒有多餘資金可以動用，鄭文隆獨排眾議，扛起責任特別批准提前發放2個月的年終獎金給員工，讓員工得以認購股票。

由於掛牌時機不佳，當時台船每股 13.31 元的釋股價格被市場認為偏高，台船與富邦證券都擔心乏人問津，不料第一天在台船大禮堂公開認購登記時，有位中鋼員工突然從背包中倒出 300 萬元現金，記者連忙進行採訪，他則在鏡頭前大聲表示想當台船股東，賣了中鋼股票轉來投資台船，當晚這則新聞播出後，立刻炒熱資本市場的熱度；第二天富邦證券也積極動員並鼓勵認購，很快釋股部分就全數完售。

12 月 22 日台船掛牌首日，股價從 13.1 元連漲 7 個停板，漲到二十二點多元，後來還曾衝到 44 元的高點，是當年極為罕見的 IPO 成功個案。

開展新階段，穩住訂單大作戰

至今，鄭文隆回想起來，台船整個民營化和 IPO 的過程非常曲折，但他堅決提前發放獎金讓員工有錢認購的做法，

加上媒體報導炒熱氣氛，扮演了推波助瀾的重要因素，讓台船得以順利開啟民營化上市的新頁。

　　雖然通過了民營化的考驗，但台船所面臨的挑戰，還不僅於此，國際情勢的轉變更為嚴峻。

▲ 台船的優勢之一，在於運用自家優良的技術，積極為客戶打造高品質商船。（攝影：黃鼎翔）

2008 年之前，台船適逢全球造船業向上的景氣循環，接單頗為順利，然而，不堪金融海嘯襲擊，航運需求急轉直下，全球船東都想撤單「棄船」，寧願放棄先前支付的部分款項，也不願依照合約交船，讓台船相當頭痛；為了穩住訂單，鄭文隆帶領團隊展開「穩單」計畫，遠赴德國、以色列等地與客戶交涉。

「有次飛到德國 4 天來回，只為了跟客戶談一個下午，」鄭文隆回憶，由於台船主動釋出誠意，表示可以延後交船，且在付款條件上盡量通融，所有客戶都願意保留訂單、沒有任何撤單，讓台船有驚無險度過難關；當時由於許多造船業倒閉，台船訂單的價格仍守住高檔，讓台船接連幾年都繳出不錯的獲利成績單。

鄭文隆 2007 年至 2010 年的第一次任期，創造了台船的輝煌時期，獲利不錯，2009 年更是突破紀錄的一年，當年員工領取了 6.2 個月的獎金，這在台船歷史上還是絕無僅有。

台船經歷民營化上市的過程，員工除了結算退休金，多數還因投資自家股票而有所獲利，整個士氣與氛圍跟過去截然不同。鄭文隆記得，當時有一些現場員工，因為晉升有房階級，入厝時還特別邀請他去新房參觀，表達對台船的感激之心，讓他相當感動，也證明公司正走在對的路上。

2016 年，鄭文隆再次回鍋擔任台船董事長，雖然明知前路難行，但畢竟已將屆退休年齡，加上與台船及同仁間，已經長久累積了深厚的感情與使命感，即使知道公司業績下滑，還是義無反顧，展開第二趟「冒險」之旅。

不讓奧客予取予求

鄭文隆第一個重要任務，是面對棘手的船東。

早在 1990 年代，台船就曾與希臘船東交手過，當年該希臘船東每每利用各種手段四處刁難，甚至鑽合約漏洞，刻意戴手套檢查船艙表面，表示有灰塵不乾淨，藉此拖過合約交船節點，讓台船因違約而支付違約金；當年台船曾經大虧一個資本額，最後不得不實施再生計畫，就與該國船東的慣用惡劣行徑有關。

鄭文隆重掌董座後，又遇到另一位船東的惡意對待，這次還派了 4 位羅馬尼亞監工，在基隆廠鎮日刁難，意圖拖延為期 6 個月的工期，不僅不想接船，還可以要求台船賠償違約金。

眼看同仁辛苦打造的高品質商船被客戶這樣糟蹋，鄭文隆決定不再委曲求全，完成建造後，他同意讓該船東棄船，並公開拍賣這艘船，因為建造與驗收期間不斷被挑毛病、重

新修改，每個工件都相當完美，反而吸引日本船東高價收購，不僅順利在市場上轉賣這艘船，賣價還高於原船東訂價，讓團隊出了一口氣。

多角化是唯一出路

回任之後，鄭文隆因對台船的處境瞭若指掌，深知自己首要之務，就是要帶領公司找到出路。

2008 年金融海嘯後，全球造船業由盛轉衰，至今仍無好轉跡象。根據丹麥船舶金融公司統計，全球船廠手持至少一艘上千噸新船業務訂單的，2008 年有 934 家，2017 年僅剩下 358 家，當時更預測 2022 年後將縮減到 64 家，顯示存活下來的造船廠愈來愈少；即使 2021 年發生了蘇伊士運河堵船事件，航運業碰到百年一遇的好光景，但航運旺盛反而不利於新造船，可以立刻派上用場的舊船更受歡迎，「即使航運業很興旺，造船業也沒有雨露均霑，」鄭文隆感嘆地說。

既然國際上的商船需求不振，台船也無法維持過去的競爭力，鄭文隆認為台船不能只依賴造船業務，多角化經營是唯一的出路。

事實上，台船邁向多角化經營的想法由來已久，例如早期的機械廠就是因此而設立，希望將台船的能量移到其他工

程上，包括 101 大樓、台電大樓、核四廠的工程都有積極參與；但因為台船組織太大，機械廠成本居高不下，除了像是核四廠反應爐基座這種高規格工程，因為台船銲接與鐵工技術具有優勢外，一般工程並不容易介入。

舉例而言，2010 年高雄里港大橋的工程開標，機械廠也參與競標，別人一噸的投標價是 2 萬元，機械廠則高達 4 萬元，因為後來一直標不到工程，鄭文隆才決定將 30 至 40 人的團隊解散。

此外，台船的組織架構十多年來也產生不少變化。

民營化之後，鄭文隆將原本的勤業廠裁撤，並合併人事處和總務處，前董事長賴杉桂依照國家政策設立資訊處，鄭文隆接手後除了關閉機械廠，也合併財務處和會計處，並設立海昌工廠和專案管制處等。種種措施都是為了強化台船的成本競爭力與營運效能，同時因應市場需求快速調整組織。

強化設計能量

除了對內整併組織外，早期台船純粹是製造廠，沒有設計能力，都是從外國買圖，再按圖施工，類似國內現在其他民營造船廠的做法，直到 1980 年代末，台船開始建立自主設計的能量，才引發一連串的升級轉型，鄭文隆認為，奠定

台船從設計到製造的完整能力，是一個重要的里程碑。

　　自 1998 年之後，台船設計的船艦幾乎年年收錄在英國皇家造船工程師學會（ Royal Institute of Naval Architects, RINA ）的《 世界名船錄 》（ *Significant Ships* ）上，從 2014 年起更是連續 8 年被選登為該雜誌的封面，在國內也多次獲得「 台灣精品金質獎 」。

　　鄭文隆對這些榮耀如數家珍，但不以此自滿。為了因應環保節能趨勢，他要求設計單位投入節能設計，分成 ES10、ES20、ES30 三階段進行，每一階段以節能 10％為目標，針對船體線形、螺槳精進、推進效率、減重、節能裝置、主機、營運技術等方面多管齊下，經過幾年的努力，就達到 30％的省油效果，包括德翔海運、陽明海運等船東都讚譽有加。即使扣除舊船因素，經過精算也有 19％的省油效果，這也是為了彌補台船在造船成本上比主要競爭者增加二至三成，所採取的自我提升計畫。

　　除了 ES 節能計畫之外，鄭文隆也推動了提升生產力的 EP10（ Enhanced Productivity ）計畫，希望能夠因此提高 10％的生產力。

　　鄭文隆認為從台船每天的用電紀錄，可以看出員工們的工作勤奮程度，甚至看出固定軌跡：早上 8 點晨操後開工，

8 點 20 至 25 分用電會達到高峰，到了 10 點多就會下降再上升，11 點 40 至 45 分又下降，代表這段時間有人停工、休息、準備回班到工具室午休，下午時段也有類似休息與準備下班情形；換算起來，在一天 8 小時的工時中，真正工作時間不到 6 小時。

他向各單位溝通，如果每位員工每天都能增加半小時認真工作，就相當於提升 10% 生產力，對公司來說就是很大的戰力。

強化傳承，培育人才

人才也是提升企業競爭力的重要因素。

台船在 2014 年曾經發生 331 風災造成大吊車相撞的事故，使得船廠停工及一連串的骨牌效應，後續影響長達 3、4 年才恢復正常，鄭文隆認為，這不僅是天災，也凸顯出台船在老將紛紛退休、人才斷層的情況下，生產力確實正逐漸削弱中。

「台船擁有全台灣最強的銲接與鐵工技術，」鄭文隆說，台船同仁經常是各種技能競賽的常勝軍，記得在 2010 年的國際技能競賽中，台船在電銲組包辦前三名，在鐵工組榮獲第二名及第三名，其中還有一位是女性員工。

可惜的是，台船歷經長達 15 年的人力斷層，老師傅大量退休，年輕人才還沒能獨當一面，造成青黃不接的情況。

一般來說，現場技師至少需要 3 到 5 年的時間養成，才能成熟並自主發展，鄭文隆相當看重知識與經驗的傳承，因此著手建立傳承委員會，請各單位從兩百多項專業中挑選二十多項重點項目，由老師傅傳授給年輕一輩，從最基本的觀念開始講起，再從內部逐步訓練到外部的承攬商，使得這些寶貴經驗得以流傳下去。

舉例來說，老師傅很清楚船隻進出船塢的原則，一定要選在風力較小的早上出海，如果到了下午起風之後，容易造成擦撞岸邊事故；假使當天忙到下午才能出海，那就寧願等到隔天早上再出海。

又如，電銲現場的安全注意事項也很重要，有些老電銲機線路破皮，師傅一身汗水，就可能不慎觸電燒傷，有人自己帶電扇，也可能因使用不當產生火花、造成意外。諸如這些看似不起眼的細節，都是長年的經驗累積而成，如果能做好傳承與分享，就可提高作業品質、避免工安事件。

除了強化傳承，近年來台船也大膽啟用年輕主管，促成管理階層的換血。鄭文隆強調，英雄出少年，尤其台船出現世代之間的斷層，現在必須從浮吊船、IDS 潛艦這些重要計

畫中，發掘青年才俊，給予更多拔擢機會，藉此激勵員工，這樣台船才能快速重生，開創新的未來。

回憶那些在海上的日子

人才的選育用留是每一家公司最重視的環節，一位公司長期培育的優秀人才，對組織將產生極深遠的影響，從與台船一起走過半世紀的魏正賜身上，可以明顯地感受出來。

魏正賜在台船是從基層開始做起，求學、成家、立業都

▲ 走過半世紀，台船建造出許多優良船艦，
在全世界航行著。（圖片來源：台船）

是在台船完成，資歷相當完備。2021 年接任總經理一職後，跟隨著鄭文隆的腳步，一起為台船多角化經營、文化傳承等目標積極衝刺。

魏正賜 1973 年加入台船時還是個高中生，當時公司正在打造 44.5 萬噸的柏瑪奮進號油輪，宿舍也還在興建中，每天以廠為家、搭蚊帳才能入眠。他自艤裝工廠的基層做起，歷任技術師、工程師、工場主任、生管課長、副廠長、廠長，副總經理職務，積極投入、勇於任事的態度數十年如一日，至今雖擔任總經理，每週六還是固定到公司上班，與同仁一起打拚。

在台船長達 50 年的工作生涯中，令他最難忘的是年輕時隨新船出海擔任保固工程師的日子。船上的工作有點無聊，除了例行的工作外，魏正賜會利用空餘時間學習船上監控系統所管制的各個環節，每次在海上工作 3 個月或半年，就會發現自己的技術能力又提升一個檔次，足以獨當一面解決船上出現的各式疑難雜症。

因為這樣的學習精神，魏正賜第一次隨船保固返台後，船東沒有留下一張保固單，給予「零維修」的高度肯定，甚至還在之後的新船合約中，指名他再度出任保固工程師，這對一位年輕工程師來說是莫大的鼓勵。

除了學習船舶的技術原理外，魏正賜也會把握時間跟外國船員學習英文。他記得有次出海，船長是紐西蘭人，輪機長是英國人，每天都有機會進行英文對話，當時還沒有電子字典，只能帶著紙本字典試著拼出生硬的英語，但時間一長，漸漸能跟外國人順利對話。

在社群媒體還不發達的時代，長達數個月的航程中，他都會透過情書與夫人魚雁往返，一解相思之苦，每一封紙短情長的浪漫情懷，他都細心珍藏至今。其中印象最深刻的一封情書，是大約三十多年前，當時老婆剛懷第一胎，兩人對於即將成為人父人母充滿期待，魏正賜透過筆尖訴說自己的思念之情，同時表達沒能陪在老婆身邊的遺憾，如今再翻閱信件，真摯情意仍躍然紙上。

再生計畫陷掙扎，三遞離職單

不僅在船上勤於學習，魏正賜在現場也認真面對每個職務與工項。「我一直對造船這個領域很有興趣，因此把握每個的學習機會，」他在 1980 年參加經濟部辦理的國營事業考試，在公司所屬的單位考取第一名，前往苗栗的聯合工專（今聯合大學）進修 2 年，「公司讓我帶薪進修，老婆也是在這個時期追到的，」他感恩地說。

儘管跟著台船一路成長，2000 年實施再生計畫，卻是許多老台船人從未想過的磨難。

　　當時許多國營事業虧損嚴重，時任總統陳水扁指示虧錢就要裁員，台船一口氣裁員 50％、減薪 35％。魏正賜回憶說，很多同事選擇離職，老婆和丈母娘也一直勸他離開，但因為還沒待滿 20 年或 60 歲以上，不能領取退休金，內心陷入天人交戰，每天下午都騎著摩托車到柴山看海，思考未來的路該怎麼走。

　　他陸續提交了 3 次離職單，但最終基於對公司、同事的情感及這份工作的喜愛，還是決定留下來，後來每天都將全數精力投入在工作中，留下的同事與主管也相互打氣，希望能幫助台船一起突破難關。

堅守誠信，台船人不怕困難

　　「那個時候我們每個人都非常拚，即使有外面的公司挖角，仍堅守在公司崗位上，」後來魏正賜靠著自己的努力一路獲得拔擢，擔任總經理，堪稱台船長期以來重視及重用基層人員的最佳寫照。

　　魏正賜認為，在所有國營事業中，台船可說是最辛苦的一家公司，造船產業是所謂的 3D 或 3K 產業，從無到有地

建造一艘船艦，包括電銲、切割、塗裝等程序，很多時候都
要在高溫的環境下工作。

不過，他欣慰地說，台船同仁都非常勤勞而且肯做事，
例如現場員工會頂著夏天的高溫，一邊揮汗一邊電銲，而為
了表彰同仁們的辛勤工作，他常提供額外的獎金來鼓勵同
仁。魏正賜認為，台船能夠走過高低起伏的歲月，是因為大
家骨子裡都有種獨特的特質──不怕困難。

「台船的文化很好，不需要阿諛諂媚，只要肯努力，就
會給你機會，是可以待一輩子的地方，」魏正賜做了這樣的
注解。

「台船也是一個很好的學習園地，」魏正賜驕傲地說，
台船培育出許多優秀的技術人員和工程師，現在船業很多總
經理與高階主管，都是從台船轉職過去的，表現非常出色，
因為他們在公司時認真學習，出去後自然能運用所學。因此
他一直鼓勵年輕同仁要認真學習，未來不管在何種崗位都能
貢獻所長。

台船能夠屢獲國內外船東客戶青睞，除了專業技術到位
以外，誠信的企業文化也是重要關鍵。魏正賜自豪地說，台
船在業界擁有良好的聲譽，從來沒有無法交付的船，即使遇
到問題，也會負責到底，未曾失信於客戶。

此外，台船雖然不斷招聘新進員工，但流動仍相當頻繁，進來的人多、離開的也不少，人力短缺的壓力有增無減，因此傳承就格外重要。

加強人才培育傳承，精進技術

為了做好傳承工作，台船已著手成立傳承委員會，並由台船學院提供特別的培訓與經驗傳承。魏正賜坦言，造船業對年輕人來說，不像過去那麼有吸引力，但對台船來說，技術傳承是重中之重，包括他自己在內，都會帶著年輕人一起做、解決困難。

如果將技術概分成核心技術與非核心技術，其中核心技術是指外面不容易取得且內部不易培養的技術，例如船舶設計、船段組裝等高技術領域，需要長時間訓練才能獨立操作，就要不斷傳承與加強；相對來說，塗裝、拉電纜、接線等這些非核心能力，外面容易取得，就可借重外包商或者聘用移工來補充人力。

他舉例說，台船建造的海事安裝船——環海翡翠輪，有80萬公尺長的電纜，搭載 DP3 動態定位系統，可以自動載運並精確定位到 1 公尺以內。這艘船是由台船環海風電公司投資，採用嚴格的歐洲標準與技術，且工安要求非常高，因

此造船的過程非常困難。

最困難的是，環海翡翠輪搭載著一台重達 4,000 噸的大型吊車，足以將相當於 3,000 輛車子的重量一次吊起，並移動到高達 30 層樓高的位置。

由於這台吊車的重量超過了台船現有的最大吊車荷重，因此分成 3 段自國外產地運抵台船碼頭，租用荷重 4,100 噸的浮吊船執行吊裝作業，直接在環海翡翠輪上進行組裝與銲接，安裝工程十分困難和複雜。因為浮吊船占用航道，需與港務公司、引水人工會、中鋼與中油進行溝通協調，以降低對航道的影響，整個安裝過程花了 1 個月時間才順利完成。

不過，也由於承接浮吊船如此艱巨的任務，讓同仁學到很多東西，瞭解到造船業的多變性與挑戰性，對於喜歡挑戰的同仁，是很棒的歷練。

擴展新事業與新應用

許多人認為台船在國際競爭中會陷入苦戰，一大原因是沒有培養自己的供應鏈。魏正賜表示，過去長榮貨櫃輪使用的主機，就是由台灣機械（今中鋼機械）自行開發，但因市場需求量少，台機很難依此維持經營。儘管政府一直希望國內能夠自行發展供應鏈，但缺乏足夠的資源與市場需求，讓

本土供應商難以成長茁壯。

他坦言，如果要爭取商船訂單，因為主機、發電機等關鍵零組件須仰賴進口，而鋼板也沒有特別優惠，就比較難與南韓、日本等國家競爭；台船要靠產品差異化凸顯優勢，例如現在的劍艏（Sea Sword Bow）、反動舵、高效能螺槳等節能設計，都可以為客戶量身訂做。

另一方面，台船仍然持續與國內的供應商合作，希望能強化本土供應鏈，例如與捷流閥業建立密切的合作關係，透過其先進的閥門技術，讓台船能夠跟上世界潮流。

開創自己的新航道

魏正賜也分享，在現任董事長鄭文隆的帶領下，台船重新聚焦業務方向，鎖定離岸風電、國艦國造和商船，同時持續擴展新應用與新事業，跟著時代脈動發展，也逐漸踏出穩健的經營腳步。

例如，因應船舶環保需求開發雙重燃料技術，可使用液化天然氣（LNG）或甲醇，同時努力發展脫硫技術；此外，台船也加強自動調水和警報系統，並推動遠距醫療，未來將運用新一代資通訊技術，發展更多創新應用。

近年來，台船承接的船艦種類已有明顯轉變，從最早期

的油輪、到後來的散裝輪、再到全貨櫃輪，現在則以公務船艦為主力。魏正賜表示，過去全盛時期每年可以造出 18 艘船，包括高雄 12 艘及基隆 6 艘，年營業額可達 350 億元，但現在不再一味追求「翻桌率」，希望能提升價值、承擔國家賦予的重要任務，開創自己的新航道。

百年基隆廠，
開創嶄新造船之路

從數千人在廠區建造大船的盛況，到今日專攻中小型特殊船舶的設計與製造，基隆廠依舊活力滿滿，全力以赴，只為打造出質優精細的船舶。

　　2023 年的夏天，位在台灣最北的基隆，是個無風無雨、豔陽高照的好天氣。

　　海委會海巡署艦隊分署委託台船建造的百噸級巡防救難艇，選了一個黃道吉日在台船基隆廠交船，並由基隆廠廠長施炎輝將巡防救難艇模型移交給海巡署艦隊分署金門海巡隊組主任趙子德，完成儀式。

　　施炎輝當時這樣介紹這艘救難艇：「這艘百噸級巡防救難艇，航速可達 30 節，續航力更達 1,200 浬，並且提升主機性能及改良機艙配置，增

加船舶總噸位,可以有效提高航行穩度與適航性。」

　　「 現在我們將新船交予海巡署,」施炎輝感性地說:「 期
盼這艘我們在 2021 年 5 月 17 日開工、一手催生的船舶,能

▲ 基隆廠的成立,可說是展開台船造船歷史
的第一頁,經營至今已超過百年。(圖片來
源:台船)

立即加入海巡署艦隊，守護海疆國土。」

這艘海巡署編號 PP-10083、台船編號 1152 的巡防救難艇，是海巡署委建的百噸級巡防救難艇建造案中第 14 艘；而編號 1153 的第 15 艘巡防救難艇，也已於 2023 年 10 月 2 日開船離廠，結束了該系列的委託建造案。

這年，距離日本企業家木村久太郎 1916 年在基隆創建木村鐵工廠，展開台灣造船歷史的第一頁，剛好 107 年。

從繁華走向寂靜

走過 107 個年頭，基隆廠見證、參與台灣造船興衰與更迭。早年建造小鋼船、10 萬噸級油輪、散裝貨輪、國艦國造，近年則轉型以 1,000 噸以下的公務船舶為主。極盛時期，基隆廠員工和承包商有五千多人，每天下班人潮疏散要花 1 個半小時，此期間帶動基隆廠所在地和平島繁華不已；然而，人員編制一路銳減，一度曾經只有三百多人在廠區工作，使得和平島也跟著寂靜下來。

2022 年年底接任基隆廠廠長的施炎輝，1994 年於海洋大學造船工程學系畢業後，旋即於 1998 年加入台船，至今 25 年，剛好經歷基隆廠最波動的一段時間。

施炎輝剛進基隆廠時，員工約有 1,500 人左右，雖然已

經不是廠區最鼎盛的時期，但還是很熱鬧。當年貨櫃輪在全球海運需求量大，基隆廠以「專業貨櫃輪造船廠」定位，造船品質穩定，吸引許多歐洲船東下單。

「船塢裡面都是『阿兜仔』的船，丹麥的 A.P. Møller、希臘 E.S.T. 航商、法國的 CGM（達飛海運）……打鐵、造船聲此起彼落，」施炎輝回憶：「外人可能覺得有點吵，但對熱愛造船的台船人來說，卻像交響樂一樣動聽。」

這幅榮景，可惜沒過多久就遇到再生計畫，人力裁減剩

▲ 時任行政院院長蔣經國（左二）重視造船業發展，曾經到中船廠區巡視施工。（圖片來源：台船）

下三分之一，留下來的員工，其薪資結構也有巨大變化，船塢空置，榮景不再，對員工們的心情都產生極大影響。施炎輝表示：「那一年的冬天，基隆廠區好安靜，以往『鏗！鏗！鏘！鏘！』敲打聲響不再，取而代之的是東北季風帶來的颼颼冷風聲及綿綿細雨，走在冷清的基隆廠裡，淒涼感油然而生……」

但也因為再生計畫，降低造船成本，達和船運、陽明海運、萬海航運、德翔海運等國內航商陸續回流，甚至連日本丸紅商社、中國海豐國際（SITC）都將訂單交給台船；訂單多了，工作量跟著增加，獲利之後，公司決定復薪，人心振奮，施炎輝形容：「當時終於又看到大家在船塢裡忙著一艘 7 萬 7 千噸的散裝貨輪，耳邊又響起鏗鏘打鐵聲，當下真的很感動。」

初試啼聲，建造小型海洋研究船

可是，過去基隆廠建造的大多是動輒好幾萬噸的大船，如何進入百噸級這種差距懸殊的「超迷你」船舶領域呢？

施炎輝說：「國際情勢所趨，非轉型不可。」無論是金融市場、政治局勢、疫情……無一不是影響造船業的關鍵因素，疫情雖然讓航運需求大增，卻也有日本、南韓、中國等

競爭者分食市場大餅,「台灣造船產業成本競爭力不高,所幸政府於 2017 年啟動國艦國造計畫。」

在國艦國造計畫下,高雄廠因為地理環境、腹地、人員編制,主要以海軍艦隊、大型公務船為主,而基隆廠則轉而踏入建造 1,000 噸級以下中小型特殊船舶的新頁。

施炎輝說,2017 年第一次接到行政院科技部委託建造 2 艘 500 噸、1 艘 1,000 噸的海洋研究船任務。其中可搭載 47 位船員及研究人員、續航力達 6,500 海浬的 1,000 噸「新海研一號」,是台船首度設計與建造的海洋研究船型,從設計、建造、運作、維修都由台船實際參與;結合基隆廠與公司的能量,用最高標準及技術設計、承造,密切與學術單位合作,歷時兩年多,2020 年在基隆廠正式交船,至今都是國內最先進的研究船之一。

而新海研一號因應科技部客製化要求,除了海水溫鹽深儀(CTD)量測、底部物理測勘的吊放回收設備及海水採樣外,還有可以精準量測海底地形的多音束探測儀、準確標定水下目標物位置的超短基線(USBL)水下定位系統,研究設備更是一應俱全。此外,研究船加裝動態定位系統、海上撤離系統、減搖水櫃設備,採用劍艏型設計,打造更安全、舒適與節能的研究環境。

　　新海研一號出海測試當天，施炎輝和教授學者們一起登船出海，看到研究船上的聲納設備竟然可以像 3D 掃描軟體一樣，把海底地形看得一清二楚，甚至還發現沉沒在海域中的船隻，施炎輝說：「記得當時教授還跟我們分享，之前用了三十多年的海研船，掃描設備就像近視 500 度看下去總是霧茫茫，如今像是戴上新眼鏡，眼前一片清晰。」而看到研究人員使用新船時興奮雀躍的神情，台船人也更堅定「專心把船造好」的使命。

▲ 曾經以製造大型船為主的台船基隆廠，現
　在走出不一樣的路，主攻工藝精細的小型船
　艦。(圖片來源：台船)

小型船建造工藝獲肯定

高雄廠、基隆廠聯合出品，結合節能、環保、智慧的新海研一號，除了獲得中國造船暨輪機工程師學會 2021 年度船舶獎外，更進一步獲得第 30 屆台灣精品金質獎的最高榮譽，對台船人來說是一大肯定。

除了海洋研究船之外，海巡署原本委由慶富造船建造的 28 艘新一代 100 噸巡防救難艇，也由台船基隆廠接手完成後續 15 艘，這次的船型更小，只有 34 公尺長，對於廠區幾乎都是大型船塢的基隆廠來說，又是一大挑戰。

於是，基隆廠決定挑戰在陸地上造船，完工下水時再用大吊車把巡防救難艇吊起來、輕輕地放到水面上，是台灣造船史上絕無僅有的下水方式。

歷經時代變遷與外在環境挑戰，如今的基隆廠區活力滿滿，但仔細觀察，在船塢裡揮汗如雨工作的員工們，年齡普遍偏高，少見青壯年面孔，顯見基隆廠也面臨著人才斷層的窘境。即使與過去相比，造船業環境已逐步改善，但勞力密集的工作性質，依舊很難吸引年輕生力軍加入，因此，下一步的基隆廠如何持續與時俱進，提高建造質優精細船舶的技術，補齊造船人力的缺口，將是未來的重責大任及挑戰。

使命必達的
企業精神

在台船，最美的風景莫過於「人」，且人人都有「使命必達」信念，而這就是最獨特的企業文化。只要面對任何國家任務，團隊必定義無反顧，全力以赴。

　　半個世紀前，在高雄第二港口、靠近大煉鋼廠的一隅，原本都是甘蔗田、魚塭與淺灘，有一群刻苦務實、但又愛做夢的人，在這裡澆灌汗水與毅力，帶著對造船工業的擘劃與帶動台灣經濟的願景，一點一滴參與了台船的建造，也經歷過多次的變身與改造，將諸多不可能化為可能，構築出台灣造船業最動人的風景。

　　每一位在台船工作崗位上打拚過的同仁，都是這片風景中不可或缺的存在，許多老台船人將一輩子的工作生涯都奉獻給公司，在這邊成家立

業、娶妻生子，見證過公司的榮耀時刻，也經歷過裁員減薪的低潮。在這些資深主管的眼中，那些年一起乘風破浪的日子，充滿笑聲與淚水，現在回顧那段歲月，每個故事都凝結

▲ 台船歷經多次變身與改造，把許多不可能
化為可能，開創出台灣造船業最動人的風
景。（攝影：連偉志）

成一股力量，持續支持著務實而又愛做夢的台船人，勇敢試探未來世界的種種可能。

如果問台船員工或主管，台船有什麼獨特的企業文化？10位有9位會回答：「使命必達」。不管是早期的國輪國造、國艦國造，到近期的潛艦國造、離岸風電，只要是國家交付的任務，即使面臨人力、財務、技術等重重險阻，團隊仍義無反顧地完成目標。半世紀以來，「國家任務、台船使命」的信念，儼然成為台船人的 DNA。

樂在工作的台船人

船舶管理處處長余建本認為，堅持和毅力是台船人的共同特點，不論是監造官或工程師、技師，都懷有達成使命的強烈想法，尤其在工作必須完成的非常階段，絕對不會隨意請假。

舉例來說，在執行砲組校正、軸系看中等精密工作時，為了避免白天時船體某一側，因受太陽曝晒而變形，許多現場同仁會採取日夜顛倒的作息時間，等到晚上 10 點左右才開始作業，確保左右舷溫度平均，一直作業到早上為止。

他強調，因為許多同仁都在台船待了很久，與公司的連結非常緊密，不管是家庭、生活都與工作密不可分，甚至也

一起經歷過公司困境和裁員減薪等過程,「我們同在這艘船上,必須共同面對困難,除非遇到無法解決的特殊情況。」

對台船人來說,每次完成造船任務時,都有一種強烈的成就感與感動,以前交船的時候會播放《快樂的出航》等歌曲,看到自己參與建造的船舶順利下水,領班往往激動到熱淚盈眶。

有些幸運兒不僅可以看到自己建造的新船「快樂出航」,還可以搭上新船隨船保固,余建本就是這少數的幸運兒,年紀輕輕就實現了環遊世界的夢想。早年他參與建造一艘德國船東的船舶,交船後擔任保固工程師,跟著這艘船一起航行了三個多月,從高雄、基隆、新加坡、斯里蘭卡、紅海、蘇伊士運河、地中海的義大利和法國,然後繞過波羅的海到達英國,再經過大西洋到達紐約,沿東岸一路南下,穿越巴拿馬運河,繼續航行大西洋至大西洋島嶼,然後到紐西蘭、澳洲,最後經印尼返回新加坡,整整繞了地球一圈。

「那時每在一個地方靠岸,工作完成後就能在港口外走走,簡單採買一些東西,也可以打公共電話回台灣,稍加慰藉異鄉遊子的孤寂;有時在海外的港口看到台船建造的船艦,同樣也會無比興奮!」即使已是三十多年前的往事,至今這段環遊世界的航程,對他來說仍是記憶猶新。

另外在與美方合作建造軍艦時，不少台船同仁都有被派去美國受訓或工作的經驗，成為一段辛苦但特別的共同回憶。現任修船工廠廠長的詹益貴，在參與成功艦建造任務期間，曾負責管理圖紙與物料，因具備現場經驗，1995 年初被公司派駐美國維吉尼亞州半年，督促 Feight Forwarder 的物料運輸、協助聯繫供應商處理緊急物料等事宜，當時他才結婚 3 年、剛當爸爸，妻子雖有所抱怨還是接受，期間曾遠渡重洋帶著女兒去美國探班，讓他深受感動。

被派駐在美國維吉尼亞州的日子，詹益貴負責管理物料，包括清點、包裝和運輸安排，須不斷與廠商溝通，解決物料品質問題，同時要掌握現場需求和限制，以確保需求獲得滿足。如果現場遇到狀況，就要提出新的處理方式，直接與廠家溝通，現在回想起來，是「相當有趣且有意義的經驗。」

憑藉使命感投入造船業

提起當年參與國艦國造的計畫，許多台船主管仍難掩興奮之情。袁國龍回憶說，當年第一艘成功級巡防艦費時 48 個月完工，後續每艘費時 44 個月也都準時交付，由於承接國家重要計畫，當時台船第二道門的左側還有直升機的停機

坪，在公司（中船）剛成立時，即投入國防建設，建造海鷗級飛彈快艇，而他聽前輩說，有機會可以看到總統蔣經國的直升機在那邊起降，可以感覺到國家領導人的高度重視。

「當時公司的士氣高昂，台船人都因為有機會為國家跟國防貢獻一己之力而感到自豪！」袁國龍拉高聲調說。

歷經成功級巡防艦的建造，台船累積了可觀的技術能量，具備獨立建造軍艦的能力，對於新的造艦任務如輕型巡防艦也更有把握，後續台船又建造了11艘錦江級巡邏艦（光華三號）及30艘海鷗級後續艇（光華六號飛彈快艇），整體研發能力更上一層樓。

儘管後來台船經歷過一段營運低潮，也完成民營化，但仍持續承接國家重大的造船項目，包括兩棲船塢運輸艦、救難艦、磐石艦、玉山艦、高科大實習船等，以及近期的潛艦國造。詹益貴進入中船時，也是為了滿足二代艦的人力需求，他一開始先在新船部門的艤裝廠歷練2年，累積實際造船的經驗，後來才回到造艦企劃部門。

建造成功級大型飛彈巡防艦是海軍的第一次，也是台船的第一次。詹益貴坦言，這個從無到有的過程非常辛苦，台船必須與海軍、中科院緊密合作，另外在美國也各有相對應的指導單位，總共涉及6個參與方；在美國顧問的指導及協

助下，同仁按部就班地學習造艦的經驗，持續推進項目。

在投入軍艦建造的過程中，他明顯感受到商船與軍艦的差異。建造軍艦有更多的作業標準和管制文件，需要遵循工作指令並達到更嚴格的檢驗標準，從進料檢驗、安裝、單機、系統、整合系統、特殊測試和出海試車這七個階段，各有相對應的標準和規定，絲毫不得馬虎。

詹益貴加入了測試協調小組，負責二階到七階的測試執行管理，測試過程相當嚴謹，需根據相關文件進行逐段的安裝檢查與壓力測試，並由管理單位進行品質驗收，每個階段都有前置條件，必須先確認上一階段已符合要求，才能進行下一階段的測試。

全案共 8 艘，前 2 艘由有造艦經驗的美國船廠派顧問駐場指導，獲得造艦經驗後，台船自第三艘開始獨立作業，不再有美國技師參與其中。詹益貴透露，「一開始美國方面仍有些質疑，但隨後發現我們沒有遇到什麼問題，對我們愈來愈有信心，也給予高度肯定。」

詹益貴坦言，與美國人共事時，需要適應他們不同的工作文化和程序，美國船廠的部門分工很細，擁有較高的權威，但台船是以少數人組成的任務編組，組織編制與工作習慣都存在不少差異，在文化上也需要磨合，然而大家仍努力

協調合作。

此外，台船也遵循美方所提供的工時和節點計畫，在基本精神與流程上盡量保持一致，後續接手後，原則上仍依照美方建議的建造流程與方法，但嘗試以更彈性、有效率的方式處理細節，在不影響品質的情況下，有效節省了工期與人力投入。

勇敢接受考驗與挑戰

台船近年來的營運項目有明顯轉變，早期以商船造修為主，近期軍艦造修與離岸風電項目大幅增長。企劃處處長余茂華表示，過去三、四十年來，公司的主要收入來自商船，占比高達 92％至 99％，但隨著商船的競爭加劇，台船將業務重點轉向軍艦項目，現在商船僅占營收的 20％左右。

袁國龍坦言，設計一艘新船艦需要大量人力投入，至少需要 10 萬至 20 萬工時，相較於系列船可以攤分設計成本，但公務船通常只有一艘，設計成本無法攤分，且投入在一個項目會影響承接其他項目的機會。近年來台船為了國艦國造、離岸風電投入很多資源，便排擠了在商船領域推出新產品的能力。

船型的轉變導致工作量分配的變化，也考驗著現場人力

的養成與調配。商船的工作量以船體工廠為主，艤裝工廠占較少比例，但軍艦和公務船的裝備需求較高，反倒以艤裝工廠的工作為主。余茂華表示，這種轉變對公司的人力調配帶來困難，船體工廠工作量減少，而艤裝工廠人力不足，使得

▲ 每一艘船艦的背後，不但具備精良的技術與設計，更蘊藏台船人的精神與文化。（圖片來源：台船）

人力斷層的情況雪上加霜，但若未來商船或浮式風機浮台的需求增加，船體工廠同樣會人力吃緊。

展現精實和刻苦精神

船體工廠廠長曾瑞益也強調，早期船體工廠的主要任務是商船建造，但由於人力成本較高，現在主要負責海巡、海軍船艦、學校的實習船等公務船，因為公務船的量體比貨櫃船小很多，工作量較少，會優先交由內部技工負責，外包業務量愈來愈少，隨著高雄科學園區的擴廠、台積電在高雄設廠，承攬商的鐵工和電銲人員紛紛流失，對船體工廠來說是一個巨大的挑戰。

他觀察，目前台船仍採用師徒制度，但能夠成功適應並帶領新進員工的人，通常是本質好且適應能力強的；不可諱言的是，有些員工在面對高溫高熱且需要在船上爬高爬低的工作環境時難以適應，因此會選擇離開，但其他願意留下來的同仁，通常具備在船廠工作的特質，包括與同事互動、融入環境的能力。

曾瑞益認為，資深台船人最重要的精神和文化，就是展現精實和刻苦的態度，高層管理人員都會以身作則，例如總經理在今年農曆過年期間，仍兢兢業業地留守公司，不時還

會用電話或通訊軟體追蹤及跟催工程進度，甚至清明連假也都來上班，這種精神在交船期間尤為重要，船體工廠為了讓新船趕快下水，也會採用輪班制度來延長每日工作時間，達到進度節點要求。

艤裝工廠廠長陳錫銘坦言，現在台船碼頭上 6 艘新船中有 5 艘是公務船，公務船的工期較長，船上設備特殊，且住艦人數、房艙及生活設施量多，下水後艤裝工期長達 9 個月以上，相較之下，貨櫃輪的設計較為成熟、修改率低，工期比公務船少得多，下水後艤裝時間只需 3 到 4 個月。

他進一步分析，貨櫃輪與公務船的基本結構和輪機設備都類似，但每種船型的建造進度和設備需求各有不同，例如一般船舶不會有核生化系統，公務船因為不同任務需求，例如補給艦、登陸艦和救難艦所需的設備也各不相同，使得建造工作更具挑戰性。

重視人才培育

對台船主管來說，除了業務型態轉變帶來挑戰，人才斷層的問題日益嚴重，更是亟待解決的當務之急。

余茂華坦言，台船人力斷層的問題早在十多年前就被注意到，因為有段時間緊縮員額、停止招募新人，導致 1993

年後的 13 年內，完全沒有新血進入公司，隨著退休人數增加，加上沒有足夠的人才進行傳承和培訓，斷層問題更加嚴重。雖然這幾年持續招募新血補足人數，但經驗的斷層無法及時補上。

因為有 13 年的人力斷層，所以表現優秀的年輕同仁晉升很快，在年資尚淺時就需承接主管或幹部的職務，但經驗可能不足，加上缺乏資深人員協助，這些優秀的年輕主管便更加辛苦。

再生計畫進行時，台船許多離退人員轉往包商工作，是另一個重要人才庫，但現在他們也接近退休，即使有二代接手，2008 年後航運與造船業不景氣，包商工作量減少，大多遇缺不補，甚至停止相關業務，人才一旦流失就很難回流。

舉例來說，以前台船的噴砂間人手充足，個個兵強馬壯，但現在每間最多只有 6 個噴砂手，只剩一半人力，根本無法應對大型船段工作，生產能力因此受到限制。

陳錫銘在 2011 年擔任主任時，專注於貨櫃輪建造，他認為，過去台船的產能較高，一次可以同時建造好幾艘貨櫃輪，每個月就能交付 1 艘船，那段時間沒有遇到太多技術上的困難，人力與能量都相當充足，如果高雄這邊的人手不足，基隆廠會派員南下支援，全盛期一年可交 12 艘船。

但在 2018 年老師傅大量退休後,能量就逐漸下降,因為人手不足需要不斷趕工,外包商也難以替補,對成本和效率產生了一定的影響,有時卡在某一艘船的進度,就會影響後續的工作。他坦言,近年來內部一直在趕工,與目前的建造船型多樣化且以公務船為主息息相關。

致力傳承技術

在艤裝工廠待超過三十年的陳錫銘表示,艤裝工廠有機裝、船裝、電裝、室裝、管子工場組成,等於是除了船體外殼外的機器、管路、電纜、機器運轉與測試等工作,需要跨領域人才一起合作;儘管艤裝的主機、控制系統及設計都有很大的改變,但台船在艤裝領域仍累積出色的核心競爭力。

他充滿自信地說,台船在軸排列和軸孔、舵孔加工都有傑出的專業技術,能夠提供精密加工,並且依靠經驗和自己不斷改進,其中最關鍵的就是來自於優良的傳承精神和文化。然而,相較於老一輩師傅勤奮苦幹,年輕人可能因工作環境及外部誘因而離職,導致傳承工作不易進行。

陳錫銘發現,長期待在公司的年輕人,都有很好的熱忱、穩定性和勝任能力,只要台船努力提供一個穩定的環境,不追求太多船型與項目,例如一次承接 5 至 6 艘相同船

型的船舶，一方面可提高效能和工作滿意度，一方面年輕人比較有機會學習，對於傳承工作較為有利。

余茂華語重心長地説，台船人一直展現韌性，但結構上的問題還是需要盡快解決，以免影響成本和競爭力。過去，造船廠遇到問題時，各單位的專業人員會共同解決，但現在面臨人力及能力的問題，長期以往就可能影響交期，從公司管理和經營的角度來説，確實是一項艱難的挑戰。

突破與創新的
關鍵時刻

造船業易受景氣波動及外部競爭而影響營運，但台船同仁多能共體時艱，透過創新工藝與改善製程提升效率，化危機為轉機，屢創奇蹟。

「造船是一個艱苦的行業，光是物料占了六成左右的成本，直接成本相對較高，因此利潤相當有限，」台船物料處處長王淑菁一語道出這個行業的本質。

船舶建造物料涉及各種材料和裝備，包括：主機、發電機等各式輪機裝備；冷凍空調、室裝裝潢、安全消防等設備；配電盤等各式電機及通訊設備；以及鋼板、電纜、管線等，總計有 3 萬種不同的項目，台船自世界各地採購不同物料，包括日本、南韓、歐洲和北美等地，但船用裝備市場屬

於相對寡占的生態，供應商選擇有限。

　　她坦言，台船的存在促進了台灣工業的發展，但各界對造船產業的重視程度不足，使得台灣船廠必須面臨自行找尋

▲ 船舶建造物料涉及各種材料和裝備，占了造船業中超過一半的成本，這凸顯出建立船用器材供應鏈的重要性。圖為主機運抵台船的起水作業。（圖片來源：台船）

合作廠商、處理不同需求和安裝變動等挑戰，相較於其他國家多有固定且順暢的供應鏈，國內供應鏈無法滿足裝備和物料需求，大部分船用裝備都必須仰賴國外資源，故占高比例的物料成本，更是受到原物料價波動、匯差、運輸及國外環境變動等影響。

除了主機裝備以外，鋼板占整體採購成本也很高，雖然中鋼與台船是好鄰居、也應是親密戰友。但王淑菁強調，船價需面臨市場競爭，鋼板成本也是關鍵之一，台船需不斷與中鋼爭取優惠鋼價，而政府對鋼材有保護政策，近年持續實施課徵反傾銷稅，更無法從中國大陸進口，故台船在降低鋼料成本方面有一定難度。

基於國內市場規模小且需求不穩定，國內船用器材供應鏈有限，也僅能找到基本的吊車、閥類、燈具和管配件等供應商夥伴，儘管如此，台船仍長期培養並與這些供應商緊密合作，包括供應燈具的神港、供應門窗系統的中國防蝕以及供應閥門的內湖、清福、捷流閥業等。

王淑菁表示，這些本土供應商當中，中國防蝕提供各種尺寸的水密門，尤其在大型船舶如油彈補給艦上的應用，相較於國外採購，其產品成本更低且可就近供貨；另外，台船與神港合作至今也有三十多年，他們供應各種船上使用的多

樣化燈具，包括探照燈和室內照明等，與台船合作期間，神港本身也取得很大的成長。

與台船有不少合作的捷流閥業，在研發自動閥控系統方面有很好進展，可在水下自動感應並控制閥門的操作，不需要人工操作。台船的設計部門與捷流閥業攜手，引進其他船廠的控制系統，將其結合成一個更便利的新功能，這些案例顯示，台船與優秀供應商聯手就能在技術上持續精進。

至於軍艦方面的物料採購就複雜許多，台船的軍艦產品有些需要符合美國軍規（MIL-STD），因此只能選擇美國廠商，無法考慮符合歐洲標準的廠商，也要避開中國製造的軍艦相關零件；另一方面，取得出口許可證（exportlicense）也很困難，特別是攻擊性軍艦產品需要申請、並獲得其他國家的同意，採購過程就會更費時費力。

從南韓取經

在台船歷練過船體工廠、艤裝工廠和企劃處等單位的余茂華，有段時間曾到南韓船廠擔任監工，學習他們的作業模式與設備，回來後在內部推動了一些現場的改進措施，儘管一開始並不順利，但憑藉持續的溝通與堅定的信念，終能達成目標。

舉例來說，過去台船一直採用銲條式的重力式銲機，但這種工法效率不高，且容易導致鋼板變形。余茂華從南韓回台後，希望推動自動填角銲接技術，一開始遭遇內部抵制，因為現場同仁仍然偏愛習慣的銲接方法；但他並不氣餒，在組合工場擔任主任時，先找一個生產線，與領班、班長和工程師充分溝通，同時與包商達成協議，補償因改變工法而多出的成本，結果證明新工法品質好、速度又快，逐漸推廣到其他生產線。

　　另一項較大的施工法改善，是余茂華發現船段銲道試壓以檢視銲道缺陷的不同做法，台船僅針對較單純的縱向結構做銲道試壓，橫向結構因為較複雜則先以膠帶貼住銲道，船段噴砂塗裝後留到塢內成艙時再做全艙試壓，修改銲道缺陷後再研磨銲道及塗裝；但南韓船廠則是連橫向結構也在船段即進行銲道試壓，因此開始在公司推廣並應用橫向試壓技術，包括施工圖繪製、製作治具、教育訓練等，在相關同仁合作與不斷測試後，花了近一年技術終於純熟，徹底改變既有做法，大幅節省工時與成本。後來余茂華從組合工場調到安裝工場後，持續推動在南韓學到的新技術與治具，高達十幾項都成功導入現場，相關成果也贏得現場同仁普遍認可。

　　除了技術優化之外，余茂華也重視帶人帶心的重要性，

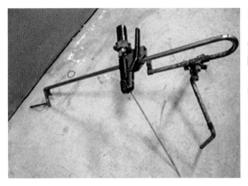

擔任主任時，針對表現優秀的同仁加發獎金，並在小紙條上感謝他們的貢獻，雖然看起來只是微不足道的作為，但這些紙條上的字句和章印發揮了一定的鼓勵作用，有些師傅甚至保留了十多年之久。

軸系製程創新

台船許多主管都歷練過不同的單位，兼具現場工作與後勤管理的經驗，因此能夠結合理論與實務，從製程改善或客戶需求切入，提出具體可行的創新解決方案。

余建本在基隆廠擔任機電工廠主任時，因為自己原先在設計處工作時對軸系設計有深入研究，又有13年的現場經驗，極力推動軸系製程的創新改善作業，並分成整合式艉軸管、兩段式看中、塢內排軸、塢內主機座灌漿這4個部分加

▲ 台船不定期向國外取經，持續優化造船工具、技術和生產線。左為重力式銲機，右為自動填角銲機。（圖片來源：台船）

以推動；先將相關改進納入建造規範中，並努力說服船東、驗船協會及各相關單位，最後領先國外、完成系統化的軸系製程流程革新。

首先是採用整合式艉軸管。傳統的搪孔方式，需要耗費至少 10 天以上，現在將整合式艉軸管用灌塑鋼的方式固定，只要 1、2 天的時間，不僅大幅節省裝配時間，且整合式艉軸管已於廠家完成各項測試，執行工作更為快速有效。

接著是採取舵軸分開兩段式看中、提早安裝主機，可節省大約半個月時間，然後進行塢內軸系排列，提早約一週完成軸系排列。余建本解釋，過去船艦要下水後才能進行排軸，照設計圖調整軸承及主機，確保符合設計要求，大約下水後需要 1 個月才能完成；採取塢內排軸後，可免除原先下水後保持船況水平的壓載工程，並提早進行壓載水艙的塗裝及進行艤裝作業，得以有效縮短交期。

事實上，最後能在塢內主機座灌漿有相當風險，因為下水後一旦發現有軸承負荷過重問題，就得重新剷除塑鋼並再次調整灌漿，因此就連日韓船廠都不敢冒險；但他憑藉自己對軸系設計及應力分布的深入研究，以線性回歸的方式加以補償，透過精密計算與漸進式調整，果然得到了預期中的成果，共完成 4 艘日韓都做不到的塢內主機座灌漿作業，團隊還

以「塢內主機灌漿」拿到公司當年度改善計畫的評選冠軍。

　　技術創新要有實踐的機會，才能從紙上談兵落地實現，而這個契機來自海豐集團（SITC）。余建本說：「當時接到海豐集團系列船的大單，就覺得沒有做一些改變，對不起自己與公司。」由於把握住基隆廠一連承接 9 艘 1,800 TEU 貨櫃輪的機會，率先導入這套技術，加上該系列船型建造通常有趕工壓力，能在船塢內進行排軸與主機座灌漿的工作，可節省大量時間，尤其對量產型的船艦來說效益更是突出，因此獲得船東支持。

　　雖然這種顛覆傳統的做法吃力不討好，要化解很多的阻力，當時一起參與的領班蔡忠志更直言：「萬一失敗了就沒頭路。」還好現場工程師與領班都很配合，所幸最終順利完成，團隊成員都說這是在公司最輝煌、最有成就感及最值得回憶的事情。

船艦節能設計

　　台船近年來為邁向高附加價值船舶，並因應國際海事組織（International Maritime Organization, IMO）的最新環保法規，在船廠推動各項節能技術的發展，包括減少風阻、減少水阻、提升跡流均勻度、旋向動能回收、高效率螺槳等，

其中在 2014 年推出了獨步全球的節能劍艏（ ES Sea Sword Bow）設計，就是一項引領風潮、揚名國際的創新設計。

袁國龍解釋，常見的船型艏部水線下有一凸出球狀物，其目的是製造一個波，並使其在船艏柱位置產生波谷，以與船艏柱產生的波峰發生有利干涉，減少船艏波，也就是減少部分興波阻力，這對於提高船的速度和減少油耗很重要，一般來說，船的速度愈快，會產生許多波浪，油耗約與船速成 3 次方比例的增加；新的劍型船艏使船艦外形變得垂直，減少對船隻俯仰差及吃水改變的敏感性，同時消除了以前突出的球狀結構，可縮小水線面的入水角及船艏寬度，有效減少波浪中阻力，就像游泳時，真正選手游得快且水花較少。

為了證實此一設計的效果，台船特別委託德國漢堡水槽（ Hamburg Ship Model Basin, HSVA）進行船模試驗，結果不管在靜水或風浪中，其興波阻力值皆低於傳統船型，在 5 級海況下，估計節能效果較傳統型降低 9％至 10％。此外，經過測試證實，劍艏設計也能有效減低縱搖，減少甲板上浪，有利於保護甲板貨物，確保航行平穩順利。

儘管台船已經完成設計、並經過一連串的船模試驗，但船東還是會擔心更改設計的風險，接下來的挑戰就是要說服船東。袁國龍表示，「 我們向船東解釋，傳統球形船艏是針

對特定船速和吃水條件進行設計，不同船速需要不同大小的球和不同長度，但劍艏設計在波浪中更具節能效益，且比球型船艏更具靈活性和穩定性。」更重要的是，台船願意在銷售合約中保證船艦的船速和油耗都能達到合約要求，於是國外船東欣然接受這種創新設計，2012 年台船首度簽下了採用劍艏設計的船艦建造合約，並於後續使用中，確認劍艏設計的效益。

深受多家國際船廠肯定

英國皇家造船工程師學會每年都會為全球船東及各領域船舶資訊愛好者精選出該年度最具代表性船舶，收錄在該學會出版的《世界名船錄》年度專刊中。2014 年台船為海豐集團海豐國際控股有限公司所設計建造的貨櫃輪，因為具備獨樹一格的劍艏設計，在節能及水動力性能上表現卓越，因而獲得英國皇家造船工程師學會選為當年度最具代表性的船型，而且榮獲封面位置。

後來南韓、日本、中國大陸的貨櫃輪船艏全都改為這種設計，短短 10 年間，新的船艦已普遍採用垂直劍艏，球形船艏不復存在。

「我們曾考慮申請專利，但由於難以描述特徵，取得專

利的難度頗高，不過，我們仍樂見台船獨創的劍艏設計成為主流，至今被全球船廠大量學習模仿，也改變了船艦節能設計的樣貌！」袁國龍驕傲地說。

不僅在技術上力求創新，在品質上，台船也有不能妥協的堅持。

在台船已服務 34 年、現任品保處處長的王建勝分享，品保處主要負責品管系統規劃建立、產品品質管制與檢驗、船級會驗、工程保固協調、工料改進建議等工作。因為國內

▲ 每一次的造船或修船作業，都需要團隊的
　高度合作。（攝影：黃鼎翔）

廠商主要供應電艤品和簡單裝備，六至七成的物料、主機及發電機大多購自國外，因此必須與船級社、船東業主配合，進行各項採購品的檢驗工作。軍工船按軍規標準檢驗，商船則遵循 ISO 9000 檢查標準和品管規範。

近年來，造船廠競爭壓力大，以中國大陸和南韓廠商來說，皆已建立完整衛星工廠，因應成本競爭和經濟環境不佳的挑戰，反觀台船，雖然需要從外部採購物料，成本競爭力不強，但持續透過技術提升、建立自主供應鏈、提高效率、增加承攬商比例等方式尋求改善，也積極投入技術與價值高的船舶，從原型船延伸成系列船。「轉型是一個痛苦的過程，」王建勝對於台船的多角化經營抱以期待，若能成功開展水下、海工、離岸風電等業務，將可增強整體的競爭力，未來最重要的是做好傳承、多元晉用人才，建立核心工種並取得專業證照，「畢竟這行業需要高度團隊合作。」

精進修船技術

一般人都只注意到負責建造船舶的單位，但是有造船需求就有修船需求，台船其實有一個穩賺不賠的業務——修船，修船工廠通常都是扮演緊急維修的任務，承受的壓力絕對不比其他單位小。

2011 年，日本發生 311 大地震，一艘由中鋼運通租給日本船東營運的船舶，船身遭受地震和海嘯的嚴重損害，在日本詢問在地修船廠後，得知需半年時間修復，中鋼運通希望能加速修復、減少營運損失，轉而向台船求救。

當時這艘船受損嚴重，不僅艙蓋掉落，貨艙及舵葉都有毀損，船底也撞出了大面積凹陷，經日本和歌山的三井由良船廠進行暫時性修復，並由船級廠驗證取得試航證明後，就請救難公司拖回高雄，交由台船進行修復，進塢之後僅花了 34 天就完成，前後才 2 個月就讓這艘船回到工作崗位。

說起來很容易，但整個過程相當繁雜。詹益貴回憶說，修船團隊先搭乘飛機到日本登船評估和安排修復工作，考慮到船舶的損壞嚴重，必須制定替代方案和排程，確保其他船舶有足夠的空間進行作業；另一方面，因為擔心有核能外洩，當時工作人員還得全副武裝，穿防護衣上船進行輻射檢驗，確認沒有疑慮後，才以 7 至 8 節的低速，耗時 1 個星期將船拖回高雄。

累積高強度修復經驗

台船之所以能如此高效率地完成修船任務，一方面是這艘船原本就由台船建造，當時建造的是系列船，包括車葉、

艙蓋都還有備品，等於是有圖又有料，自然可加速作業；另一方面是修船工廠分 2 班，每天 24 小時趕工，快速修復船底和其他受損部分，並由新船部門幫忙製造新的船段進行組合安裝，同時中鋼運通也願意犧牲，先將另一艘船的舵拆卸下來安裝在受損的船上，一直到完成新舵再替換。

「當時的工作極具挑戰性，因為修復受損船底比平常的擱淺船更困難，」詹益貴自豪地說，儘管承受極大壓力，但他仍目睹團隊成功克服各種困難，展現出創造性和解決問題的能力，最後以高昂士氣及豐富經驗，成功完成修船任務。

類似這樣因天災人禍而導致船舶受損，需進廠維修的案例並不罕見。中鋼運通旗下負責在高雄與花蓮之間載送煉鋼原料的「通華輪」，2009 年年底因輸送帶過熱在半夜引發大火，導致多個部位損壞，由於這艘船是中鋼國內唯一的運料船，且相關石料是煉鋼不可或缺的原料，中鋼高層非常重視，但因部分關鍵裝備必須從日本進口，修復過程需費時半年，讓台船與船東都心急如焚。

詹益貴指出，通華輪會影響到中鋼的生產作業，中鋼給中鋼運通的壓力可想而知，不僅派出處長級主管親自監督修船作業，董事長跟總經理不時就會到現場關切進度；儘管修復過程中面臨各種困難和時間限制，還得承受來自船東和公

司高層的壓力，但基於雙方的密切關係，台船全力以赴、跟時間賽跑。

另一個經典案例是 2016 年 9 月，台船正在建造的「風明輪」，受到莫蘭蒂強颱肆虐高雄，在瞬間 17 級強風襲擊之下，38 條粗纜繩全數斷裂，即使出動 6 艘拖船全力搶救，船隻仍漂至對岸碼頭，還撞斷 4 座橋式起重機。風災過後，台船展開緊急作業，將風明輪拖回碼頭入塢檢查。

首先現場勘查瞭解實際毀損情況，接著決定優先處理順序，考量塢內停留修理時間、大組組合程度及碼頭施工條件、吊車負荷及有效性等因素，完成人員安排、外包手續、完工節點確認及交檢細節規劃安排等。經過檢查後，船體工廠發現主要毀損包括艏甲板、球艏、左右舷及艉外板碰損，修復工作則委託修船工廠進行施工。

建立標準作業流程

值得一提的是，修船團隊過去累積不少海損船舶的修復經驗，也建立一套完整的標準作業程序，但這次承接自家新船還沒交付就得進廠大修的任務，心情五味雜陳。詹益貴指出，最大的差別在於這艘是新船，且因非現行營運、較無載貨船期壓力，船東代表、驗船師對交檢會更為嚴格，所幸團

隊在修護過程中不斷彼此打氣，不僅努力符合品質要求，且對船東代表也能耐心溝通，因此仍能如期如質完成目標。

除了維修任務外，修船工廠也會協助成型船進行改加裝作業，例如近年來船東為了降低現有船隻的燃油消耗，會改裝成節能球艏，儘管改裝需要一定的投資，但可以具體節省油料成本，在長期低速航行中，只要 1 年到 1 年半的時間內就可回收。

此外，為了符合 IMO 2020 的國際船舶低硫排放目標，部分船東也會加改裝脫硫洗滌器（scrubber）等環保設備。例如修船工廠 2019 年就承接東方星洲輪的脫硫器工程，是國際上首次在 13,000 箱以上的超大型營運中船舶進行大型脫硫器加改裝成功案例。對台船來說，不僅是為海洋永續做出貢獻，也開啟了綠色航運的新商機。

數位科技領航
勇闖藍海

半個世紀以來,數位科技的發展一日千里,無論是台船內部的資訊化管理及自動化作業,或者船舶的網路化、智慧化功能,都不可同日而語。

　　台船建造的船舶與艦艇,帶領許多人航向美麗境界,如今,台船也跨出舒適圈,勇闖屬於自己的新藍海。儘管未來難以預知,但憑藉現有的資源與堅定的信念,台船在智慧船舶、離岸風電、海工事業都有很好的起步,許多台船人深信,這是另一個精采故事的開端。

　　資訊處處長黃府祥回憶,

▲ 台船在造船事業的基礎上,向外發展其他
領域,勇敢闖出並建立新藍海。(圖片來源:
台船)

早期船上通訊非常封閉，沒有 Wi-Fi 及 Cable 網路，只有一台行政電腦，搭配頻寬很小的衛星，主要用於進出港口的通訊。另外，自從 911 攻擊事件後，美國要求每艘船舶都須安裝自動識別系統（Automatic Identification System, AIS），以提供身分與位置資訊，但海事衛星多半掌握在歐洲手上，每月要花費 5 至 6 萬元，也是一筆不小的支出。

然而，進入數位時代之後，船上的科技工具也跟著與時俱進，除了船舶本身營運與通訊的用途以外，也要提供船上員工更多的娛樂設施，愈來愈多船舶都配備完整的衛星通訊設備，並提供行政網、營運網（Operational Technology, OT）和娛樂網 3 個獨立的網路系統。

智慧船舶的新航道

身為資訊科技的主要推手，黃府祥坦言造船業的壓力特別沉重，相較於其他產業，可以容許研發中犯錯，造船業卻無法負擔犯錯的風險。他強調：「我們在創新研發時不會天馬行空，必須跟生產及需求結合，另一方面，我們也力求謹慎、降低錯誤率，因為沒有失敗的本錢。」

儘管戰戰兢兢，但台船因應智慧科技的發展及工業 4.0 的潮流，自 2016 年起仍積極展開「4IntShip」計畫，投入智

慧船廠與智慧船舶的發展。

4IntShip 計畫內容包含：對內網路（Intranet）、對外網路（Internet）、全船整合（Integration）、智慧參謀（Intelligent）等 4 大部分，期盼藉此在船舶上建構符合需求的智慧化環境，並經由衛星或 3G、4G 行動通訊來提升營運效率，終極目標是可以依據不同航線，產生不同操作模式，達到智慧化航行的境界。

台船在智慧船舶方面，具體完成了 4G 無線網路試俥、船舶專用路由器的研發、陽明海運船用大數據及節能船況合作案、中鋼運通船用大數據蒐集及住艙無線網路建置等。在公司內部，配合智慧船廠的演進，投入自來水馬達監控系統、二次水循環監控系統、無人機房監控系統、高空作業車雲端監控系統、高雄廠區雲端電力系統、高雄廠區消防推播系統、平動起重機（Level Luffing Crane, LLC）吊車監控系統、CNC 雲端切割系統等項目。

儘管許多船廠與航運公司，都積極投入智慧船舶的技術開發，不過，因為技術門檻不低，許多公司紛紛卡關，但台船憑藉對通訊協定與網路架構的掌握度，並與陽明海運、成大系統及船舶機電工程學系進行產學跨界合作，以陽明海運所屬的 8,600 TEU 貨櫃輪做為實驗場域，建置智慧船舶應用

系統及大數據蒐集系統，以優化船舶航行與實踐環保節能為主要目標。

「台船備齊這些技術後，找到願意合作的船東還是很重要，」黃府祥感恩地說，所幸陽明海運願意提供這樣的機會，台船幫他們在多艘商船上免費改裝了智慧船舶系統，證明技術能量已經足夠，陽明海運也相當滿意，希望將這套系統延伸到新船及其他舊船上。

安裝過程的考驗與壓力

除了系統規劃建置，安裝任務也是一大考驗。因為商船有既定的任務行程，靠港時間非常緊湊，必須在有限的時間內進行安裝和改裝，當時從晚上 11 點開始，5 個小組同步進行，確保在登船前完成必要的接收、串接等工作，如果無法在 2 小時內完成，就要到下一個停靠港處理，時間壓力可見一斑。

安裝過程中最困難的工作，就是「接活電」。黃府祥解釋，因為操作具有一定的危險性，必須找來有經驗的工程師，知道如何防護、同時找到最佳的電路路徑和接地方式；接著需要由專業通訊人才負責串接網路和訊號，將資料從中斷的通訊中重新連接起來；最後，船舶資料透過衛星傳回陸

地，經過打包壓縮和程式編寫後再發送，這項任務同樣需要豐富的經驗和技術。

　　過去在船上，舊有設備的資料都是在儀表板上顯示，必須靠人力緊盯著儀表板，現在透過網路與智慧化管理系統，

▲ 因應時代，台船積極投入智慧船廠與智慧船舶的發展，以優化船舶航行和節能為目標。（圖片來源：台船）

就能自動串接並提供數據分析，船舶的通訊系統經過改裝後，展現截然不同的作業方式。

自動調水系統

台船另一個備受矚目的創新技術是「自動調水系統」（IntAShipCond）。黃府祥解釋，船的姿態會影響船速和油耗，每當船舶在港口乘載貨物後，需要一群人花許多時間調水，由一個人在儀表板監看調水結果，並透過無線對話指示個別區域進行相對應的調整，藉由分配貨物位置來達到平衡姿態。

為了解決船舶調水時費時費力的痛點，台船開發了一套自動調水系統，可根據設定或按鈕操作，自動調整水平和垂直位置。在整合閥控系統人機介面上，將船舶設置的感測器資訊清楚顯示，包括艙櫃容量、艙櫃液位高度、閥件開啟／閉合狀態、泵浦運轉狀態在內，在計算裝載船況後，就可執行必要的遠端操作，控制對應的泵浦與閥件。

為了驗證自動調水的效果，台船參與了陽明海運的一項測試計畫，從日本航行至美國，持續調整船舶水位，並透過衛星蒐集相關數據，以驗證其對油耗、航速和里程的影響；經過測試與計算，發現適當調水可節省 2％ 至 5％ 的燃油消

耗，並決定固定調整吃水為 11 公尺，代表船舶最佳的姿態。

黃府祥強調，每艘船節省 2% 的燃油，相當於每年可節省 30 萬美元，這對於整體燃油成本是相當可觀的數字。

目前這套自動調水技術已成功應用在多艘船舶上，包括台船自行投資建造的台船 15 號、港務局、教育部、海軍兩棲運輸玉山艦等。

舉例來說，台船 15 號主要用途是運送離岸風電大型海洋工程結構物，因貨物體積龐大且極重，需同時考量甲板與碼頭齊平，否則將無法運用軌道或滾裝方式，把貨物運送上船，裝載計算的過程相當繁瑣；現在有了自動調水系統之後，配合裝載計算軟體可快速完成作業，大幅提高人員操作的效率。

雖然已有上述的豐碩成果，但台船並未放慢資訊科技創新的腳步。黃府祥說，資訊處僅有 30 位同仁，需要維護 34 個系統和 1 萬支程式，其中只有 16 人負責新技術開發和維護，但仍然馬不停蹄投入自動化與智慧化的各種解決方案，目前還有許多專案同步進行中，包括自動鉚字機、智慧型距離感測站、混合實境（ MR ）、電力傳輸無線通訊、鋼印 AI 影像辨識等創新技術，都在開發驗證或拓展實際應用中。

舉例來說，每塊鋼板上都有鋼印代表生產符合船級標

準，是為了交給船東使用和確保其合法性，目前船隻鋼板上標示的字體，通常是由有經驗的師傅憑拓印複寫出來的，現在使用自動銲字機，透過機械控制，搭配軸距和固定馬達調節速度，可以實現字體的精確銲接，包括字的寬度和高度都可掌握，確保字體的一致性和美觀度，消除手工操作的不確定性；此外，藉由鋼印 AI 影像辨識，透過 AI 技術來實現自動化，減輕人力工作負擔並提高安全性。

跨足離岸風電事業

台船近年來響應政府能源轉型的願景，積極擴展離岸風電新事業，不管是打造亞洲最大、全球第二大的浮吊船環海翡翠輪、承接水下基礎製造、提供駁船運輸與安裝業務等，都可以看到台船的身影。

不過，萬事起頭難，尤其台船並無實績，外國船東又以高規格的國際標準要求，讓團隊吃了不少苦頭。余建本表示，涉足風電領域，什麼事情都要從無到有，真的很辛苦，需要招聘新的人才，其他像是設備安裝、試車也都是挑戰。

例如台船在銲接方面本來頗具優勢，但船東對電銲技師的要求非常嚴格，需要持有國外認證機構的證書，因此現有人力必須補充新的技能，儘管努力配合他們的要求，但始終

無法達到百分百的完美，經過一段時間的磨合，後來才逐漸掌握技術要領。

台船在水下基樁的第一個重要實績，是為沃旭能源打造每支長度約 72 公尺、重量約 330 噸的水下基樁，約由 18～20 個板厚 40～70 公釐的鋼罐（Can）銲接組裝而成，單支的銲道平均長度為 6,760 公尺。余建本強調，水下基樁需由多個鋼罐結合而成，使得整個銲接工程非常困難且耗時，遠比以前的船舶銲接更具挑戰性。

由於每支基樁平均要在海中保持 25 年至 30 年的運維期，必須禁得起嚴格檢驗，成品完成後會經過台船自檢、第三方檢驗及業主檢驗 3 個階段，且均須通過 100％目視檢測（Visual Testing, VT）、20％磁粉探傷（Magnetic Particle Testing, MT）、100％超聲波探傷（Ultrasonic Testing, UT）等流程，才能成功交件，技術品質的要求相當高。

由於水下基樁的銲接難度很高，初期的失敗率高達 5～8％，為了達到國際標準與高品質要求，特別重新遴選人員並進行教育訓練，建立小班長制度，並以 ISO 9001 的程序進行，落實循環式品質管理（Plan-Do-Check-Act, PDCA）的執行改善，逐步將銲接失敗率降至 3％左右。

曾瑞益強調，船體工廠在銲工領域擁有優秀的人才，能

夠達到高品質的銲接效果，才能快速克服學習曲線，順利跨足風電事業。沃旭能源的 60 支水下基樁是台船的第一次，接下來將開始製造海龍 2 號風場案 63 支，目前已投資一條自動化的全新多功能產線，並於 2023 年 4 月開工，使用自動銲接來確保水下基樁接合的精確度，避免變形問題。

他對這個年輕團隊很有信心，領班僅約 50 歲，帶領著一支近 50 人的年輕團隊，並以最新的設備和觀念為動力，彼此互相激勵，雖然交貨時間很緊迫，但團隊維持很高的士氣，將以三班制全力衝刺，希望加快進度，進而能在 2024年準時交貨。

提供拖駁船服務

台船看好離岸風電的商機，在 2017 年設立海工事業育成中心，原本有意整合海工資源，以引進外資和技術轉移等方式，籌組海事工程公司、水下基礎公司及工作船舶公司等3 家子公司，打造本土離岸風電產業鏈。雖然工作船舶公司後來因故並未成立，但也從修船工廠分出船舶管理處這個獨立營運單位，該處用現有船渠工場的船員、船舶再搭配機械廠原業務課部分人力，創造出對外風電業務營收，這算是組織再造產生的利益。

船舶管理處的前身為修船工廠轄下的船渠工場,原本僅是在公司內部提供拖、駁船舶的服務,包括修船及新船進出塢、離靠碼頭及大型鋼構、物料運輸作業等,但為了讓公司資產活化,又能參與風電項目,公司特別成立新單位「船舶

▲ 台船整合廠區內大型鋼構、物料運輸、船舶技術等資源,發展造船以外的領域。(攝影:連偉志)

管理處」，該處下轄「業務課」及「船務課」兩課，並開始對外提供船舶租賃服務，以獲取業務收入。

余建本在擔任船舶管理處業務課長任內，就積極對外擴展業務，第一步就是與台灣港務港勤公司簽訂合約，提供高雄港內曳船服務，協助將進入 2 號港口的船舶曳引到碼頭，並根據工作時間收取費用。

但最重要的進展，是與離岸風場建立合作關係，提供水下基樁、風電組件等大型物件海運整合服務。余建本指出，「我們與允能、大彰化風場的主承包商簽訂長期合約，派出多條拖、駁船提供船舶租賃和運輸服務，其中一條駁船（台船 15 號）長達 140 公尺，是專為風電安裝所建造具自動壓載系統的超大型駁船。」整個項目持續了兩年多，為公司帶進約 4 億多元的營收。

環海翡翠輪：艱巨的任務

對台船的多位高階主管來說，任職數十年以來最有挑戰性的任務，就是廣受矚目的重型浮吊船——環海翡翠輪，其中最辛苦的重頭戲，是運送與安裝一個重達 4,000 噸的主吊車，巨型吊車的建造代價高，需要進行多個月的銲接工作，並付出昂貴的租金。

為了符合安全規範，要先將主吊車拆成數個部分運輸，然後進行組裝，團隊從日本找來全球排名第二的浮吊船，靠著 2 根巨大的浮吊系統進行吊裝作業，至於最高難度的工作，則是要讓主吊車、環海翡翠輪和浮吊船，在同一時間點完成匹配。

　　王淑菁透露，雖然在運輸船舶過程中，遭遇了一些困難，包括要找到適合的重載船、分批運輸和應對疫情檢查等，但台船成功調度了各方面的工作，將物件運輸到船上並進行吊裝作業，完成這個艱難的任務。

　　「租用浮吊船的費用很高，在那一個月期間，我們每天都提心吊膽，」王淑菁苦笑著說，當時正值颱風季節，主吊車剛開始作業，他們必須密切關注天氣與颱風情況，並與日本廠家和重載船進行聯繫和配合。同時間，重載船也受到疫情和其他影響，工作時間有所延遲，「每天看著錢在燃燒，心疼不已。」

　　這項任務對船體與艤裝工程也是一大考驗，曾瑞益表示，環海翡翠輪涉及大量的電銲工作，其中一項挑戰是爬升高度，吊車分為 3 段，最高的部分高達 67 公尺，在高雄的酷夏，光是爬上去就已全身濕透，體力也大量透支，而為了確保安全，現場的銲工和鐵工都必須穿著背負式安全帶，施

工期間很長，從 2022 年 7 月一直到 2023 年 2 月才結束。

陳錫銘也說，環海翡翠輪的工作量很大，相較於貨櫃船，浮吊船內的設備艙間很多，幾乎調動了多數的技術人力，但一開始團隊缺乏相應的經驗，對很多設備也全然陌生，需要依賴廠家和船東一起規劃、解決問題，工作時間比一般貨櫃船長很多，在下水之後，進行各項測試和試航達一年之久。

王建勝則分享，環海翡翠輪的船舶結構和自動化程度與商船不同，加上配備一台 4,000 噸的電動吊車，從設計階段的規劃構思、到施工階段的生產製程都充滿挑戰，所幸最終順利通過下水後的安裝和試吊等作業，並於 2023 年 6 月 30 日舉行交船典禮。

歷時三年的成果

交船典禮當天，18 位一級主管、現場人員、測試人員等上千人登船慶祝，看到台灣第一艘、也是全球第二大的風電浮吊船歷時 3 年建造，終於完工，眾人的興奮與感動之情溢於言表。

環海翡翠輪的交船，象徵台灣在造船技術、海事工程、離岸風電建設這三大項目都往前跨了一大步。王建勝強調，

環海翡翠輪投入營運之後，每日租金就高達 1,200 萬元至 1,300 萬元，未來的獲益值得期待；相較於商船只要花 8 至 10 個月建造，環海翡翠輪整整花了 3 年，但是在成功建造原型船之後，預計學習曲線會明顯縮短，後續再建造就有機會帶來利潤。

雖然團隊因為擔心影響交船日期，後期承受很大的工作壓力，甚至聘用上百位技術移工協助，但大家仍全力以赴完成任務，希望在這段歷史中，留下屬於自己努力的紀錄。

我 3D 我驕傲

在別稱「3D產業」的造船工業中，因為有一群基層英雄的負重前行，促使台船能夠在每個時代，都留下深刻的烙印。

在台灣造船工業的發展史上，有一群無名英雄，默默在自己的崗位上，忍受著高溫與高壓，從事艱苦、甚至帶點危險的工作。他們懷抱著使命感與責任感，帶著傻勁與幹勁，為團隊的榮耀與國家的任務勇敢衝刺。

造船產業的江湖一點訣

「造船工業就是 3D 產業，」船體工廠領班李進雄並不否認，這裡的工作環境就是「困難、危險、骯髒」，例如鐵工的作業整天都要晒太陽，空氣品質不好、噪音又大，跟電子業的工作環境不能比，但他相信如果調整好心態，善加學

▲ 因為有一群無名英雄懷抱使命感和責任
感，才能讓台船在造船歷史上開展出一篇篇
新頁。（圖片來源：台船）

習，學到的東西可以受用一輩子。

造船業不僅是 3D 產業，也是標準的勞力密集產業，即使日韓船廠開始採用自動化的電銲手臂，但因為每艘船的設定都不同，僅能在局部地方取代部分人力，不像電子業、汽車業產線能夠全面自動化，只在最後的品管階段才仰賴人力執行。

在這樣的情況下，年輕人無法靠機器電腦來學習操作，即使是科班出身，如果缺乏實務經驗，技術還是沒法快速跟上，因此老師傅的經驗就格外重要，必須想辦法把工藝傳承下去。李進雄強調，很多現場工作如果沒人教，不會就是不會，「這就是江湖一點訣，說破了不值錢，但不說別人永遠不會知道。」

銜接理論與實務的缺口

經驗傳承還有一個重要功能，就是縮減學用落差。

李進雄表示，台船一再推動師徒制，就是希望將老師傅的技術與經驗傳承下去，畢竟學理與實作之間還是會有一些落差，理論與實務的結合非常重要，「造船原理大家可能都讀過，但拿到現場要如何施工、如何融入，就看每個人的功力了。」

舉例來說，有次要建造一艘補給艦，設計單位規劃寬度是 800 公釐，但裡頭要穿過一根 600 公釐的管子，只剩 200 公釐的空間，理論上設計不算有錯，但實務上根本無法進去施工；最後老師傅想到一個解套方法，開孔讓人員的手可以伸進去，然後從外面施工，才解決這個問題。

　　16 歲就到艤裝工廠服務的領班歐文清也認為，學校或訓練中心學到的是理想化的狀態，與實際現場有很大的差異，技術養成需要時間和經驗的長期累積。老一輩的師傅常講，需要 3 年 4 個月才能出師，實際上專業技術的培養因人而異，取決於個人的性格和學習能力，但現在的培訓更有系統與制度化，可以縮短養成時間。

　　事實上，台船在許多技術和工藝方面都擁有良好口碑，就跟傳承工作做得好息息相關。歐文清說，交船時船東代表會使用一種特殊的鏡子，他們戲稱「照妖鏡」，來檢查電銲的品質，船東客戶對台船電銲技術的專業性與品質普遍給予好評，大讚船艦的各個角落都很周全且細緻，施工品質連帶也提升了台船的品牌形象。

　　現任台船企業工會副理事長的鄭國寶表示，從他國中畢業進入台船到現在，公司一直保持優良傳統──資深同事都很友善，而且很願意教導，在工作中像家人一樣幫助後輩。

每個團隊會有不同的分工，例如鐵工包含通風、交通、油水櫃、底座和雜項等 5 大項目，透過師徒制度的培訓，讓新人熟悉自己的專長，同時也會進行技術輪調，讓團隊能夠彼此支援。

在許多設計部門同仁眼中，在台船服務 48 年屆齡退休的課長馬清波，不管在精神面或技術面，都是老一輩的典範。鄭國寶表示，馬清波教導新人不遺餘力，同時也著手建立不同工種的技術資料、標準規範與作業準則，在退休之前

▲ 台船員工穿著濕髒的衣服，賺著最乾淨的錢，養著最愛的家人！（圖片來源：台船）

還特別檢查過相關規範內容是否正確，以確保團隊能夠順利運作。

此外，馬清波透過公平透明的工作分配與考績制度，營造出士氣良好的工作環境，資深人員願意教，新人銜接也很順利。有些職場上的資深同仁會擔心，身上的技術都教給新人之後，自己會不會被取代？但在台船的環境中，大家沒有這層顧慮，反而覺得新人會了之後，大家更能團隊合作，工作反倒輕鬆。

年輕世代的熱情與信仰

儘管年輕世代在設定職涯時有太多選擇，3D 的造船業不易受到青睞，但這些年台船依然招募到一批又一批充滿熱忱的新血。在設計處任職的林孟成與林冠宇就異口同聲表示，進入這行一定是天生對船有感情，要持續待在這行更需要強烈的信仰，如果只是把船當成是一般商品，很難一直維持熱情。

林孟成透露，因為父親是老台船人，他從小就對船艦特別有興趣，也對國防產業有一種嚮往，覺得這工作很酷，不僅自己可以謀生，還能為國家做出貢獻。他大學時就到台船外包商做過雜工，體認到父親所說的「這行業並不輕鬆」，

在現場待上片刻就全身滿是汗水，回家時總是疲憊不堪，因為很多都是「體力活」。

曾短暫待過半導體業的林孟成發現，科技業員工只能參與其中某一部分製程，並不清楚自己負責的產品將用於何處，看不到最終成果，但造船業做出來的產品量體很大，還能親眼看到自己參與的船艦完工下水，而且實際對國防、國家經濟發展有一定貢獻，讓他有一種難以言喻的成就感。

林冠宇則是在大三時到台船實習，接觸到真正的船艦後興奮莫名，發現跟學校學到的歷史或理論相差很大，因而愛上了這裡的工作環境與內容；後來他繼續攻讀研究所，取得台船獎學金，研究螺槳推進器的流體力學，現在更是學以致用到實際的船舶設計上。

服務於輪機設計課的牛伯軒進入台船後發現，大學階段學到的造船專業知識，能用到的有限，還好公司有安排學長一對一教導新人。

他表示，「學長們都會無私地分享經驗，因為他們有個健康的觀念——你愈厲害、我就愈輕鬆，特別是我對某些概念和技能有所困惑時，常靠學長的經驗傳承解決問題，讓我可以找到答案、有所成長。」

此外，他對同事間友好、互助的氛圍留下深刻印象，團

隊之間都能互相分享知識，確保圖紙準時完成，也讓他能夠樂在工作，願意留在這個環境。

因應公司轉型，鼓勵跨域學習

為因應公司不同階段的需求與近期的轉型發展，多數同仁都有歷練不同工種與單位的經驗。薛國龍領班就經過從電銲到鉗工的工種轉換，他抱持著「處處留心便是學」的精神，勇於挑戰自我。

他強調，只要有學習的機會就盡量學習，吸取他人的經驗與觀念，雖然以後不一定會用到，但可以此為基礎不斷提升；尤其公司在轉型時，經常需要接觸新的工作內容，從一個領域到另一個領域，不但是挑戰也是機會，能夠考驗自己的能耐。

他經常鼓勵年輕同仁勇於創新、不要墨守成規，主管的經驗可提供預防問題的參考，但切勿固守舊有模式，年輕人應提出新的點子一起討論，積極改變做法，而透過每一次的學習和參與，都能夠內化加強自己的能力。如果團隊中每個人員都能有這種態度，充分合作、發揮各自的功能和強項，未來公司的發展一定不可限量。

雖然台船經歷了許多困難與考驗，但透過大家共同努力

突破難關，也培養出台船獨有的企業文化。

　　薛國龍回憶說，過去在建造成功級巡防艦時，是公司最輝煌的年代，當時公司名聲與形象都在頂峰，員工很有向心力，也共同享受到成果；到了再生計畫時，歷經從高點到低點的過程，普遍有些失落感，但多數同仁還是對公司保持信心，咬緊牙關留下來打拚，一起度過轉型的陣痛期，後來看到成果，一艘接著一艘交船，並在國際上獲得認可，內心充滿感動。

▲ 台船提供完善的培訓機制，同樣重視理論
　和現場的實務經驗。（攝影：黃鼎翔）

「上一代的技能與經驗是公司最寶貴的資產，」歐文清表示，老台船人具有克服逆境、無畏挑戰的特質，希望新進員工也能感染到這樣的精神；年輕世代通常很聰明且有自己的想法，如果能夠擁有正確的態度與價值觀，細心學習技術，就能做好世代傳承。

師徒制的優良傳統

為了解決人才斷層的瓶頸，台船愈來愈注重人才培養和經驗傳承，包括招募新人、產學合作、退休人員返場多管齊下，同時也強化並深耕師徒制模式在台船學院及產學合作等方面的實踐。

林孟成表示，目前師徒制的機制已經相當成熟，新人到單位報到後，會先提供訓練資料給他們熟讀，接著就根據其專長指派工作任務，由師傅們親自指導，讓新人邊做邊學。

以設計單位來說，與現場師傅溝通非常重要，新人剛來時免不了被現場師傅叫去罵，但這是必經的過程，一定要讓他們自己面對現場，畢竟辛苦流汗的都是現場師傅，有時口氣不好也很正常，必須讓新人建立正確的心態。設計人員不能只待在辦公室，透過頻繁的現場走訪，經常互動並共同解決問題，建立默契和互信，對工作進展至關重要。

除了師徒制度外，台船也有完善的培訓機制，提供一系列的設計規範和培訓手冊，這些「寶典」就像是武功祕笈一樣，能夠讓新手快速入門，成為即戰力。

在台船任職三十多年、目前擔任船艦設計課組長的陳昆池，會請每位同仁根據自己的專業領域撰寫教材，再由他檢查確認並詳加注解，供新進人員學習；只要能夠詳讀資料並理解消化，就能大致掌握不同船型的設計理念，一旦遇到寶典中沒有的現場情況，則需要依靠經驗處理，通常現場師傅也都很願意教導，藉此培養解決問題和實際操作的能力。

跨世代的對話

由於老師傅大量退休，相關經驗未必來得及傳承，台船特別建立了同仁退休後再回鍋的約聘制度，黃師傅就是一個很好的例子，他雖然已近 70 歲，與在設計處帶領的徒弟劉秀倩相差了四十多歲，還是神采奕奕地協助傳承工作。

高雄科技大學造船及海洋工程系畢業後就加入台船的劉秀倩表示，她從實習階段就跟著黃師傅學習，第一個任務是參與海軍救難艦的住艙設計，從黃師傅那裡學到很多東西，與學校學到的知識完全不同；後續也跟著學姐學習船舶法規、研讀資料，累積設計船舶時的概念，經過 1 年的實習和

半年的學習後，就正式接手船舶設計的工作。

劉秀倩表示，台船同事都很隨和，只要願意學習，學長姐都會盡心盡力幫忙成長，且前輩願意傾聽年輕同仁的建議，比較不會處於高壓狀態；此外，對於年輕人來說，能參與打造大型船舶是一件令人興奮的事情，這種成就感是她留在台船的動力之一。

「造船業不是量產工業，是一門藝術，」黃師傅精準描述出這個產業的獨特之處，因為船的差異性很大，例如貨櫃輪、散裝輪、實習船都不一樣，有太多複雜的問題，像是動線和配置等細節，需要逐一考慮，若做好傳承工作就能縮短學習曲線。

他強調，台船最可貴的是內部不會傾壓、不會比較、不會排擠，白熱化競爭的壓力也就比較小，相較於有些企業資深員工會有藏一手心態，這裡沒有這樣的文化，同事間會互相幫助，因此他也很願意全力相助，毫無保留地傳授知識。

善用數位工具，切換船東視角

台船不僅有優良的師徒制度，員工還可借助數位輔助工具來提升技能，這 2 大法寶如果可以搭配使用，更能有效提高戰力。劉秀倩指出，設計部門有很多分析軟體可以輔

助設計，例如「有限元素分析」（Finite Element Method, FEM）可以幫助精準設計、節省材料，而 3D 建模工具則有助於快速產出工作圖。

有時遇到船東或船級社要更改設計的狀況，資深又專業的師傅就扮演很重要的角色，他們靠著學理依據與經驗，比較容易解除客戶或檢驗單位的疑慮，回歸理性的溝通討論，確保設計的功能性與材質的可靠性，而不只是單憑他們自己的喜好。

舉例來說，有些軍艦的住艙空間比較狹小，許多管路與電纜需要穿過結構，船東擔心開口太大會導致強度不足，這時資深師傅就會不厭其煩用學理解釋並說服客戶，甚至以挑扁擔的力矩概念來解釋，只要禁得起結構力學的檢驗，就可以放心地進行設計。

掌握不同的船舶使用思維

畢業於高雄科技大學輪機工程系的蔡俊傑，在台船工作已經有八年多，他表示在公司學到整個船舶的架構，將學校傳授的零散知識轉化成整合應用，不僅掌握基本設計、裝備運用與採買、管路布置等原理，也更熟悉 3D 布置、電腦模擬和系統控制，同時也學到與船東溝通的重要性，「畢竟使

用者與設計者的角度有差別,藉由與船東的切磋,更能夠瞭
解其使用船舶的思維和經營模式,也能夠不斷更新產業知識
與趨勢。」

　　舉例來說,過去在設計船艙時,通常將保養機具放在

▲ 「團隊、承諾、安全、服務」是台船全體
同仁堅守的工作守則,更要一代一代傳承下
去。(圖片來源:台船)

控制室，但有船東建議可放在右舷，以方便拿取裝備進行保養，後來設計團隊參考他們的經驗並重新調整裝備位置後，客戶反應回饋很好，之後也以此設計跟其他船東討論，導入到其他船舶中。

此外，有次設計貨櫃輪時，船東希望使用獨立的吊橋進行吊掛，取代一般常見的天車，後來團隊就順應客戶需求，增加了獨立吊橋。蔡俊傑表示，這類經驗在工作中經常發生，除依賴基本概念和參考文獻之外，向資深前輩與主管尋求幫助、合作解決問題，再跟船東溝通，通常比較能夠說服船東接受建議。

跟上潮流，設計與時俱進

「造船行業一直在變化與進步，不是一套公版就能做一輩子，需要不斷學習、與時俱進，」蔡俊傑表示，過去 4、5 年來，隨著各國制定更嚴格的環保法規，船東也紛紛採用新式的環保燃料與裝備，例如舊的船舶加裝脫硫裝備後，為了能夠抗強酸，新的脫硫管線要採用玻璃纖維管，排外物件則使用耐腐蝕的雙向不鏽鋼。

此外，台船也正在研發液化天然氣、甲醇這些新型燃料，同樣也會需要加熱、冷卻等新的附屬設備，取代原本使

用燃油的相關設備。

　　一旦有新的技術出現，會由負責同仁先跟供應商學習，從做中學、掌握更多心得後，再透過培訓課程，分享相關細節給所有部門同仁。蔡俊傑強調，因為要不斷累積新的知識，不一定是資深員工教導年輕員工，也可能是資深員工向年輕員工學習，大家彼此分享知識和經驗，以跟上產業的快速變化，並滿足船東的需求。

　　「造船一定要靠團隊，這不是個人秀，而是團隊秀，」李進勇認為，造船工業的特殊之處，在於不是單一技術就能完成，必須靠複合的技術、眾人的力量才能造出一艘船，這就是團隊；其次是承諾，也是台船的優良傳統，只要答應客戶要完成的工作，就會全力完成、使命必達。另外，在高風險的工作環境，安全絕對是至高無上的原則，然後要展現專業、把服務做到極致。

　　「團隊、承諾、安全、服務」這8個大字，不僅印在台船行政大樓1樓大禮堂牆面，揭示著應該堅守的工作守則，也刻印在所有同仁的心中，提醒每個世代的台船人，不管是工藝技術或信念價值，都要一代一代傳承下去。

夥伴

5

在每一艘台船建造的船艦中
都可以看到許多夥伴用心的痕跡
不只台船人更有外包合作廠商加入
才能讓每一艘船艦完美呈現

我們都是
台船人

在台船的大家庭中，除了勤奮認真的內部團隊外，一路相挺的供應商、承攬商，在台船的成長歷程中，也扮演非常重要的角色。

在台船的不同角落、在船舶製造的每個環節，幾乎都看得到供應商、承攬商的身影。他們把台船當成自己的家，把台船員工當成自己的家人，一起鑽研技術、解決難題，也一起成長茁壯、達成任務，在每個沮喪疲累的時刻分享心事，也在每個值得歡慶的時刻共享榮耀。

回首來時路，儘管少不了汗

▲ 台船儼然是大家庭，每位員工在這裡一起
  鑽研技術、解決難題、達成任務，共享每個
  榮耀時刻。（攝影：黃鼎翔）

榮耀船說

水與淚水，但外包商夥伴心中都充盈著豐沛的感動，過去他們跟上台灣造船業奮起的腳步，未來也希望繼續傳承、追求創新，在台船引領的新航道上，攜手寫下更多驚嘆號。

患難與共的革命情感

一般來說，企業與外包商的合作關係，就是在商言商、公事公辦，但台船的工作環境很不一樣，不管是承攬現場技術工作的承攬商、供應船舶各式設備機具的供應商，似乎與台船有了更多的情感連結。

所謂「殺頭生意有人做，虧本生意無人做」，對這些外包商老闆來說完全不適用，他們感念台船的提攜與照顧，即使面對再大的風雨險阻也沒有「跳船」，充分展現出患難與共的豪氣與義氣。

非鐵有限公司董事長陳國堅是老台船人，1976 年還沒當兵就到高雄廠的安裝工廠上工，「以前班長很照顧我們，就像家裡的老大哥一樣，不僅訓練工作技能，也幫我們做課業輔導，」他為了補齊學歷，晚上還到高雄高工讀夜間補校，每天得從小港騎腳踏車到建工路上課，由於宿舍有管制，晚上來不及趕在關門前回到宿舍，班長就讓他住在中船新村的家中。

陳國堅剛到台船現場服務時，那時正要建造飛彈快艇，開始接受鋁合金的銲接訓練，雖然還是懵懵懂懂的年紀，但因為可以參與國防任務，內中難掩雀躍之情。

「我是屏東萬丹的農村子弟，當時可以到台船上班，真的是很榮耀的事情，回到村裡都覺得走路有風，」在他印象中，台船的伙食辦得很好，不僅主菜菜色豐富，還有當歸鴨、紅豆湯、八寶粥；當時舉辦新船的下水典禮及慶祝活動，可邀請父母一起用餐，媽媽參觀之後，都很放心把孩子交給台船。

台船當時還有 2 部美國製巴士，每天晚上 6 點下班，會將員工載到現在的高雄市立歷史博物館（前高雄市政府），讓大家到熱鬧的鹽埕區逛一逛，晚上 9 點半再把大家接回公司宿舍。

「等於是食衣住行都包辦了！」陳國堅驕傲地說，那時的台船薪水不僅高於一般民營企業，甚至比中鋼還要好，相親時丈母娘聽到他在台船任職，不假思索就答應將女兒交付給他。

在陳國堅印象中，台船相當看重技術人才的培育，例如特別成立「電銲技術課」，每年投入一定預算在銲接技術的研發。1989 年台船要準備建造成功艦時，派了很多現場的班

長及領班到美國去學習，後來還派了一些技師到瑞典去學習鋁合金銲接，這些技術後來都大量運用在成功艦上。

「早期做成功艦那段時間，出去學習的人很多，回來之後對公司都有很高的向心力，展現在工作上，自然會有不可思議的爆發力，當時業界普遍都對台船造艦的品質與效率讚不絕口，」陳國堅自己在電銲技術課待了 6、7 年，學習鎳、銅等非鐵合金、不鏽鋼材料，「台船培育我花了許多錢，充分顯示台船對人才培育不遺餘力。」

老師傅耳提面命，重視使用者需求

與台船合作超過 40 年的專業船舶家具製造商國林號，早期在高雄港從事拆船回收與船舶裝修等工作，從 44.5 萬噸的柏瑪奮進號油輪就開始參與台船的施工、裝潢等工作，1990 年代初期是由國軍退役官兵輔導委員會下轄的桃園榮民工廠，承包台船的船舶家具，後來因為政府開放競標規定，退輔會將機會讓給更具成本競爭力的國林號，到了 2000 年之後，已經成為台船最主要的船舶家具供應商。

「我們跟台船有革命情感，所以能夠合作這麼久，」國林號董事長林俊賢表示，他們靠台船起家，早期遇到資金困難時，台船還曾協助填補一些資金缺口，所以從父親到他這

代，都抱持著感恩的心態，許多師傅也都跟台船合作了二、
三十年，不論報價如何，國林號都會盡量接下台船的工作，
盡可能完成它。林俊賢父親在去世前還捐贈了一台救護車給
台船，感謝他們的幫助與提攜。

「我很欣賞老台船人的勇敢與拚命，他們真的有肩膀，
遇到問題絕不退縮！」林俊賢充滿崇敬之意地說，老一輩都
是刀子口豆腐心，只要肯聽話、肯磨練，他們都很願意傳承
技術，平常雖然會責罵，但若工程出錯或需要扛責任時，他
們也會一肩扛起。只要是實實在在做事，並非偷工減料，就
不用擔心。

他回憶剛開始跑台船時，接受日本教育的老領班非常嚴
格，責罵算是家常便飯。

有一次，交付的艤品經過品保部門驗收合格，但到了老

▲ 感念台船對國林號的提攜，國林號前董事
　長林義雄（右圖中）捐贈救護車（左）給
　台船。右圖左為台船前董事長賴杉桂，右為
　國林號董事長林俊賢。（圖片來源：台船）

領班手上時，卻硬是驗退，讓他相當不解；老領班一臉嚴肅地告訴他，雖然按圖施作且品保驗收合格，但缺乏對船員和船長需求的充分瞭解，因此必須驗退。

共事多年之後，他才逐漸體會到老領班的用意：「按照圖紙去做是 100％，但船長用的只有 80％，如果這兩者有衝突，使用者的角度會更重要，反而可以省下 20％ 的材料成本和工程費用。」

因為老領班的耳提面命，林俊賢從年輕時就建立了「使用者導向」的思維，並充分運用在船舶家具的設計製作上。他表示，一開始會根據船長的推薦和船東的要求來評估，提供相應的經驗和方案，然後參考船艙布置圖擬定家具設計圖，製造前也會先聽輪機長和船長的心聲，瞭解使用者的實際需求。

有次幫一艘公務船製作家具，結果船長有不同意見，導致後來砍掉重練。

林俊賢解釋，船東通常會尊重船長的決定權，因為船長才是真正的使用者，而船長有兩種需求，一種是他個人的需求，另一種則是用船的需求。當時或許因為船廠的設計有疏漏，或是船長自身經驗不同，需求與船廠設計差距不小，後來國林號與台船一起研究不同家具設計的優缺點，並完成改

裝，儘管增加不少成本，但船長很滿意，也實踐了使用者導向的理念。

追求挑戰，棄中鋼選台船

百有實業是名副其實的「百貨店」，公司供應船舶的小型機械設備，從空氣清淨器、吊桿、油壓設備、幫浦系統、絞機、捲繩機什麼都有。

百有實業董事長陳爐表示，1973 年他剛好退伍，到處探詢有什麼工作，當時十大建設剛啟動，台船、中鋼都在整地建廠中，基地還是百廢待舉、塵土飛揚，某家日本建設公司承包建廠工作，他則是這家建設公司的小包商之一，也承接部分現場工作，前 3 年每年都賺不到 1 萬元，是標準的小本生意。

台船一邊建廠、一邊造船，第一個重大任務就是承接 44.5 萬噸的超大型油輪柏瑪奮進號，由日本派來的技術人員指導台灣技工，「那個時候大家都很聽話，按照日本人的要求，很認真、務實在做，品質都做到超過水準，」陳爐這麼表示。

一開始他在台船、中鋼的基地兩邊跑，但後來發現，中鋼所需的煉鋼設備較為固定，而且比較大型，只有週期到

了才有汰換需求；反觀台船的設備較不標準化，每艘船的量體船型都不一樣，船東需求各異。基於他比較擅長做小型設備，而且喜歡挑戰不一樣的任務，1979 年起他決定將重心放在台船。

當陳爐標到第一艘散裝輪的案子時，台船的物料經理特別交代他要用心開發，他與團隊拿著日本的設計圖，不斷試錯，做到過關為止。

後來為了提升技能，更選派一些優秀工程師，到日本、南韓的船廠見習，雖然產品成功開發出來，且達到日本人的要求，但每艘船賠了十幾萬元。所幸值得欣慰的是，百有實業後來接連承接了二、三十艘散裝輪的案子，「還好最初的開發費用有賺回來。」

「類似這樣的賠錢案子屢見不鮮，但我們小公司還撐得過去，畢竟跟台船有深厚的革命情感，」陳爐坦言，這 50 年來都是咬緊牙關，尤其在 2000 年左右遇到金融風暴，台船風雨飄搖，外包廠商要 8 個月才能收到款項，有些廠商因資金周轉不靈，只好被迫關門，「從我們那個年代生存至今的不到 5 間了，」因此他格外珍惜這份走過半世紀的情誼。

陳爐印象中的老台船人，都是充滿人情味及責任感的好戰友，只要供應商能在工作任務上全力以赴，假設遇到報

價、品檢或其他方面的小問題，台船同仁多半會想盡幫忙幫忙解決。

堅持下去，一定有回報

在他剛跑台船 2、3 年的菜鳥階段，有天一位黃姓採購人員丟了一份設計圖給他，問他有沒有辦法買到其中一項關鍵設備，他仔細研究、看到半夜 3 點多，終於突破盲點；因為小時候在五金行當過學徒，他看出日本人與台灣人對某些零件的寫法不同，原來市場上就可找到現品。

第二天上班時，陳爐帶著疲累但是興奮的口氣跟黃先生說：「一個星期交貨！」結果，第 3 天他就交貨了，日本包商相當滿意地簽收，後續也開啟了其他採購案與台船長期合作的契機。

這次難得的經驗，讓年輕的陳爐上了一堂寶貴的課，同時也體會到只要用心面對工作，不放棄並積極地解決客戶問題，堅持下去就一定會有回報。經歷這樣的互動，彼此都產生一定的信賴感與合作默契，後續台船如有相關的案子，便會邀請陳爐來報價嘗試看看，百有實業在台船的相關業務也漸入佳境，直到現在，50 年一路走來都抱持著當初的信念，至今不變，並且以協助順利交船為最高原則，與台船一起成

長、努力。

共體時艱，即使賠錢也要完成任務

　　錦慶工程最早從幫台船做風管開始，目前在執行中的共有 7 至 8 個艤品長約，主要承包船橋與貨櫃繫橋（Lashing Bridge）製造業務，累計共做了 3,100 多座船橋，台船業務一度占錦慶工程營業額的九成之多。

　　錦慶工程董事長丁基展回憶說，SARS 疫情前曾標到 6

▲ 數十年來，台船和供應商、承攬商共體時
　 艱，累積出深厚情感。（圖片來源：台船）

艘船的貨櫃繫橋訂單，第一年做 3 艘，第二年沒做，第三年再做 3 艘，當時遇到鋼鐵價格大漲，仍比照 3 年前的標案價格在做，導致公司虧了 1,500 萬元，但還是咬緊牙關撐下去。

後來有位副總遇到他，勉勵他要堅持到底，給了他很大的力量，長官對他共體時艱的配合都看在眼裡，加上錦慶工程向來都準時交貨、信譽良好，台船後來有開標就會邀請他，合作關係一直維持到現在。

「台船是我合作最久的夥伴，從 20 歲到 60 歲，有很深的情感，」丁基展每天在船廠出入，接觸到的基層員工都非常勤勞努力，對長官交代的事情更是使命必達，承攬商也一樣，會跟台船夥伴一起照圖施工、如期交貨，而且可以把品質照顧好。

這樣的企業文化，也深深感染了他，「無論賺錢賠錢，為了公司信譽與合作情感，我都要堅持完成任務！」這不僅體現在錦慶工程的工作態度上，更深植在所有外包合作夥伴的信念中。

那美好的仗，
我們一起打過

從外包商到老師傅，每個跟台船一起打拚的夥伴，都累積深厚的革命情感，編織出説不完的生命故事。

　　無論是感性鋪陳還是理性關照，每個與台船合作過的外包商，都有訴説不完的故事。他們可能差點走投無路，卻在台船找到曙光；也可能受到船東的刁難，於是決定強化自己的競爭優勢；或者是老師傅一個不經意的提醒，從此就變成自己的人生信條。

　　當過去一起打拚的工作日常，層疊成一幕幕動人心弦的畫面時，不僅記錄了台灣造船業的發展軌跡，也展現出台灣勞動階級特有的勤奮與人情味。

　　神港船舶創辦人戴五美早期經營電器材料批發買賣，台船在 1973 年建廠之初，他就供應電器材料，「當年台灣幾

乎沒有生產造船相關的材料，包括台船在內，造船廠都是使用美國或日本進口的材料。」

　　1980 年戴五美與日本的神港船舶技術合作，在台灣成立神港船舶，主要產品為船舶照明器具，也迎來台船的第一張訂單——6 萬 6 千噸商船共 8 艘。當時沒有自主研發技術的他，根據日方建立的技術規範生產，但日方處於強勢地位，戴五美必須向日本進口材料，生產船舶相關材料，然後配套

▲ 打造船艦期間的每個場景，都會在台灣造
　船業中，留下發展軌跡的紀錄。（圖片來源：
　台船）

出貨給台船。

當時政府正積極推行國輪國造政策，台灣根本沒有船舶燈具製造商，戴五美看好相關商機，投資建立工廠，一方面自主研發生產材料、提高自製率，一方面也希望擺脫日本企業的控制、取得更多自主權。

雙方合作多年，後來日本神港船舶的創辦人年事已高、兒子也無意接手，從此就分道揚鑣，但是戴五美仍然沿用神港的名字。

雖然是百分百在地的台灣企業，但神港所有產品都按日本船舶標準 JIS F 生產，其產品包含船上所有照明機具，包括相當重要的航行燈、信號燈和甲板投光燈等，一路發展成為台灣最大、也是唯一的專業船舶燈具製造廠，至今已服務超過 4,000 艘船舶。

神港順利獲得台船採用後，由於產品品質與售後服務良好，台船便一直將神港列入廠家表。

從 1980 年代開始，神港花了 20 年時間建立銷售實績，累積約 60 艘船的經驗，後來就以台船的實績表，前往中國大陸、美國、日本拜訪當地的船東與船廠，並且提出長達 5 年的保固期（一般廠商僅提供 1 年），說服船東將神港列入廠家表，並進一步參與招標作業，供貨給中國大陸、日本的

船東與船廠。

用自主研發提高競爭力

到了 2000 年代初期，神港的產品自製率已提升到 60％
至 70％，但有些燈具如航行燈、投光燈仍然必須從日本與歐
洲進口。

不過，2002 年德國原廠要求神港必須透過新加坡代理商
購買，等於要被多賺一手，戴五美為了提高成本競爭力，決
定自主研發。

為了研發航行信號燈，神港可說是吃足了苦頭。戴五美
回憶，當時燈罩有紅色、綠色、白色與黃色等 4 種，但幾經
測試，不管是日本或其他國家買來的顏料，都無法過關，直
到他們嘗試了美國奇異公司的顏料，終於順利達到照明度的
要求。

後來，又經過一年多的測試和認證，自主開發的航行信
號燈才獲得英國海事與海岸警衛署（ Maritime and Coastguard
Agency, MCA ）、勞氏驗船協會（ Lloyd's Register of Shipping,
LR ）以及歐盟船用設備指令（ Marine Equipment Directive,
MED ）等證書，證明產品符合國際標準，可以正式供貨到全
球的市場。

「感謝台船願意提拔本土企業，讓我們開始做照明燈具，且一起經歷這段辛苦的過程，」雖然台船的提攜扮演重要角色，但神港一路以來勇於投資、不斷精進的過程，也是獲得海內外客戶青睞的關鍵因素。

戴五美表示，不管是設立工廠、自主研發產品、取得國際認證，都需要花費很多錢，但神港願意付出這些努力和成本，來換取船東與船廠的信心，並且持續努力提高自製率，現在已經達到 90% 以上了，除了燈泡、燈管這些消耗品還是採購進口品牌之外，其他的主要燈具，都是由神港自主開發並生產。

進軍海外市場，降低成本回饋台船

合作四十多年來，台船團隊一直非常重視產品品質與耐用度，而這樣的堅持也連帶影響到供應商。開發船舶燈具的戴五美表示，1 艘船至少會有 2,000 盞燈，如果燈具故障率高，會徒增許多不必要的工作量，尤其船舶出海之後，如果要更換燈泡或燈管，非常不方便，因此，最好在出廠前就嚴格測試耐用度，一定要達到防震、耐蝕等標準，避免增加維修成本。

除了要求高品質以外，供應給台船的產品也要有足夠的

價格競爭力。

事實上，為了擴大經濟規模，神港除了供應台船，很早就開始擴展國外業務，透過增加業務量來提高議價能力，藉以降低報價、回饋台船。

自 1990 年代以後，神港就順利擴展到中國大陸與日本等市場，合作過的造船廠約有 20 家至 30 家，部分台灣船東在日本造船時也會選用其產品。早期台船幾乎占了神港100％的營收，但現在海外市場已占到七成。

戴五美解釋，甲板上的燈具如航行燈、投光燈的採購數量很少，因此成本偏高，一定要靠國外訂單來分攤成本，而分攤掉的成本就回饋給台船，同樣產品的價格大約降了兩成以上，「因為我們的成長都是來自台船的栽培與照顧。」

由簡入奢，船東日益重視船舶家具

放眼全球，像國林號這樣直接與船廠合作的專業船舶家具製造商並不多。主要原因是一般家具以規模化來降低成本，但船舶家具是高度客製化的工作，不同船型都要設計製作不同的家具，而且每艘船上的床、椅子、沙發、衣櫥、辦公桌和海圖桌等，都是獨一無二的。

林俊賢坦言，一般家具廠習慣了量產模式，一次可以

生產上百個甚至上萬個，不太願意為了承接少量的客製化訂單，花費心力去研究和調整工作模式；另外，船舶家具在材料、設計、安裝上都有許多技術門檻，且需要足夠寬敞的廠房，才能儲存放置大量的備料和家具。

舉例來說，船舶家具通常習慣使用榫頭，至於船上生活區的家具要特別耐用，不能隨便被拿走，所以要使用實木和固定鉤。

此外，船舶遇到風浪會搖晃，因此很多家具都有特殊設計，例如抽屜需要使用止滑裝置，門需要使用夾子固定，布料和沙發則需要使用耐燃材料來製作。

在材質方面，大多採用合板，但不能使用木屑做成的密集板，因為船要航行到不同國家，氣候條件不同，溫度變化會造成家具材質變化、造成關門時不夠密合等問題。另外，每艘船上面都有放在固定位置的專業儀器，需要知道其位置才能量身訂做桌子，例如海圖桌很大，在製作時必須考慮如何分解、編號以便運輸及安裝，這些都是船舶家具不同於一般家具的特殊考量。

林俊賢表示，國林號製作船舶家具的經驗已經有三、四百艘，從台船的三百多號到現在的一千一百多號，和台船合作的時間久了，就能夠掌握各種船上家具的設計風格，每

位船東因為喜好和需求不同，就會有旗艦型、豪華型、陽春型等不同的差異。

掌握上百種船上家具設計風格

一般來説，貨櫃輪和商船的居住環境比較好、空間也較大，公務船則各有不同的重點要求。

海巡署的巡防艦主要任務是巡防海域，即使空間有限，無法建造大型餐廳、休息室或沙龍，但還是必須照顧到使用者的生活品質；工作船則要求手工細膩、花俏且材料實在；環海翡翠輪因為業主是歐洲公司，採高標準建造，對船上家具的要求比貨櫃輪、商船和海巡署還要高；至於軍艦的家具設計要特別考量官兵的需求，如身高、動作、路線等，而且要採用防磁材質。

有趣的是，早期商船船東都要求家具要輕量化、堅固、耐用，但現在船東要求貨櫃船的家具要符合現代美學，甚至看起來比市面上的家具還高級；過去的 VIP 室或沙龍間都很簡單，現在則要比照五星級飯店的規格，甚至更為豪華。

會有這樣的轉變，是因為當船抵達國外港口時，港務人員會登船檢查船隻，如果他們看到船內設備新穎、裝潢高檔，貴賓室有咖啡和飲料，而且手續按規定來、船上也沒有

違禁品,通常很快就會放行。

　　因此,船東寧願多花點錢把船內裝潢做得更好,以避免被海關人員故意刁難,畢竟每天的港埠業務費非常昂貴,如果能早點離開港口,就可節省不少費用。

▲ 台船與船艦生產線上的每家承攬商,都保持著良好的合作關係。(圖片來源:台船)

創業受困，老東家開啟另一扇門

陳國堅一路在台船學習成長，但後來遇到再生計畫，留下來的人要減薪至少 35％，那時候他 43 歲，已在台船待了 27 年，剛好想要去外面闖一闖，於是就投入創業，從事自己擅長的鋁合金銲接工作。

沒想到外面的世界充滿險阻，加上他天性單純、過於信任別人，創業第二年就被 1 家工廠倒了六百多萬元，他有感而發地說，「台船內部非常單純，大家都像白紙一樣，我們根本不知道外面如此競爭。商場跟工廠截然不同，許多同事只看到我們光鮮亮麗的一面，其實真的很苦。」

那段期間，陳國堅白天工作，晚上還要去追帳，甚至還從高雄跑到台北，「但完全沒有後悔流眼淚的時間，只能一直往前衝！」

原本一度以為要跑路了，所幸老天幫他開了一扇門，當時長榮鋼鐵有 1 條閒置的生產線，問他有沒有意願承接，他規劃了 1 條 H 型鋼的半自動化生產線，稍做調整之後就開始接單生產，生意漸入佳境，被倒的帳也追回 400 萬元，財務壓力紓解大半。

「過去在電銲技術課時，外面單位技術上遇到問題，會

請我幫他們輔導、解決，這些人後來都成為我的貴人，創業後遇到生意、技術或資金上的問題，都願意拉我一把，」陳國堅的語氣充滿感激。

在外頭繞了大半圈，沒想到陳國堅在 2005 年初與台船再續前緣，標到貨櫃船的艙口圍籬訂單。他表示，台船那時候遇到一些瓶頸，但公司栽培他這麼久，所以當老長官告知有這個機會後，就下定決心要回來，將長榮鋼鐵運作已上軌道的生產線，交由現場主管去管理，自己則回到台船建立創業的第二個據點。這位台船的老長官，不僅將陳國堅與台船重新連結起來，後來非鐵陷入財務困境時，也是他挺身而出、挽救了這家外包商。

另一個職涯起點

陳國堅回憶說，他回到台船承包業務那年 7 月，政府開始實施勞退新制，由於競標時殺價競爭相當激烈，原本就無利可圖，加上沒算到雇主要提撥 6% 的勞工退休金，再做下去可能要虧一屁股債。

他硬著頭皮告訴老長官，並攤開損益表解釋實際狀況，後來更向場主任、廠長、副總開誠布公，基於勞退新制是政府德政，但也必須顧慮到雇主的狀況，後來台船決定將標案

單價合理調高，才讓非鐵勉強打平。

　　經過這些事件後，非鐵的營運逐漸步入軌道，與台船的業務合作也持續擴大，陳國堅成為再生計畫之後，到外頭成功創業的代表性人物之一。他跟很多人一樣，當初選擇離開台船並不是可怕的終點，而是另一個工作生涯的美麗起點。

創新升級，
迎向新局

台船人和台船外包合作夥伴們，一直同甘共苦。
尤其在相當仰賴勞力與技術的造船業中，仍然堅
持信念，努力創新與成長。

外包商各自的工作任務都不同，但他們普遍有一個共同點，早期是小型家庭工廠或企業社，土法煉鋼打下基業，幾十年來亦步亦趨跟著台船成長，經過不斷地升級與優化，變身為初具規模的企業。

在長江後浪推前浪的壓力下，能夠不消失在時代的洪流中，甚至繼續擴張市場的，肯定有兩把刷子，不管靠的是扎實的技術、良好的信譽、優質的產品與服務，台船永遠都是他們亦師亦友的好夥伴。即使台船延伸的觸角愈來愈廣，傳承的

壓力有增無減，外包商夥伴都會相伴而行，也期待開展出更
精采的風景。

　　造船的主要材料是鋼板，但中國防蝕與台船，則是因為

▲ 「潛艦國造」計畫的展開，代表台船突破
　傳統，往創新的下一階段邁進。（圖片來源：
　台船）

「 鋁 」結下不解之緣。

與台船為伍的「鋁」程

其中，中國防蝕總經理蔡恒宗説，從小到大都跟鋁脱不了關係。

兒時住在台灣鋁業宿舍，經常跟著父親蔡錦禎到台鋁食堂用餐或洗澡，父親很喜歡用廢鋁及各種材料，親手製作狗籠及其他東西；當時柴米油鹽都是由政府發放糧券，每個月初最開心的事情，就是拿這些券去換取物品，順便在販賣部購買一些冰棒及生活用品；退伍後原本在政府部門的金融單位任職，但為了承接家業回到高雄，從此整日與鋁合金產品為伍。

中國防蝕創辦人蔡錦禎，在台鋁服務三、四十年，曾擔任副總工程師，人稱 Alumi 蔡（ Alumi 是鋁的日文發音 ），雖然待遇不錯、工作穩定，當時已是「 有車（ 摩托車 ）階級 」；不過，一家人生活在宿舍中，居住環境有些吵雜，讓他一直希望能跳脱那樣的生活環境。

蔡錦禎因為掌握鋁合金材料的相關技術，就創業成立了一家企業社——中國防蝕，利用假日承接一些船舶鋁門窗的訂製工作。到了 1970 年代，民間船廠因造船需求興起而陸

續成立，船上駕駛室的窗戶其實與鋁合金窗戶相差不多，他就順勢開始承接船窗的案子。

創業之初，蔡錦禎要投資銲接的機器，全新 1 台要價 45 萬元，足可買 1 棟房子，是相當沉重的負擔；他後來想到一個方式，去台鋁購買二手設備，再請人整理翻新，就開始有了自己的生產機具。

提及與台船的合作，蔡恒宗強調，自己很喜歡台船的工作環境，尤其是跟老師傅們共事，他們的智慧和經驗很值得學習。

相較而言，有些船東只會解決表面的問題，沒有考慮到周邊因素，「有經驗的技師很懂得針對問題、討論事情、找到癥結點，畢竟在現場就是要認真務實地解決問題，而不是把問題丟給別人，甚至相互指責。」

1970 年代末期，因為好友的推薦，蔡錦禎爭取到與台船合作的機會，第一個任務就是海鷗級飛彈快艇共 60 艘的船窗訂單。

蔡恒宗回憶說，當時公司還是個小型企業，但投標需要押標金，又要採購材料，是一筆不小的金額，原本父親有意打退堂鼓，但又急需案子來維持生計，因此陷入兩難。

母親蔡余金求助於教會中的一位牧師，牧師幫他禱告，

並對他說：「我覺得上帝的意思是可以試試看。」他朋友也建議，為了爭取與台船長期的合作關係，即使這一次虧本也值得一試。後來他決定孤注一擲，結果順利接到標案。

經歷試煉，擴大營運規模

當時只有 2 家業者去投標，其中 1 家是日本廠家的代理商，每艘船開出 500 萬到 600 萬元的價格，但中國防蝕的報價僅要一百多萬元。

不過，因為首度競標就拿到標案，在業界引發一些耳語，當時台船與海軍都有點緊張，因此特別跑到中國防蝕的工廠去考察，瞭解其技術水準；由於考察人員中也有出自台鋁的專家，聽過 Alumi 蔡的名號，大家於是打破隔閡，就像朋友之間閒聊，考察人員還特別提點有關送審時的注意事項，讓公司收穫良多。

蔡恒宗表示，以前進口的門窗單價很高，台灣廠家的技術還不成熟，幾乎都是進口商獨占生意，「我們根本沒有想到會得標，而且日本廠家一直質疑台灣不可能具備這些技術，但我們還是完成任務，並且贏得台船的信任。」

中國防蝕承接台船的第二個案子，是 12 艘 500 噸的光華三號錦江級巡邏艦，而這次不是製作船窗，是要打造鋁合

金的船體。蔡余金過去只有做過鐵殼船體的漁船，根本沒做過軍艦，遇到這個案子時不免遲疑。

這時蔡恒宗的爺爺扮演了關鍵推手，他鼓勵蔡余金：「想做好一件事就必須認真去做，如果你不真正去做，就不知道問題在哪裡；工藝也是如此，要不斷嘗試才能進步，沒有那麼複雜。」

蔡余金從此跨出一大步，投入鋁合金小艇的生產。早期他們根本不懂什麼流體力學，多半採取土法煉鋼、經驗法則，建造後遇到問題再做修改。

但是，她覺得既然要跟台船這麼大的企業長期合作，應該要按規矩來，先做船模進行 3D 模擬，可以減少後續修改的時間與成本，剛好這時候的電腦繪圖已經相當成熟，能夠協助這個工作。

蔡恒宗坦言，過去人員流動往往造成重大的技術流失，現在透過專責人力與部門進行統整，將資料與數據累積起來，就能把技術留下來，實現經驗傳承，便於新人學習與解決問題，這也成為中國防蝕不斷提升競爭力的重要因素。

從 3 位師傅就能完成的小型漁船，到中型船舶所需的門窗，再到整艘鋁合金快艇，中國防蝕經歷一次又一次的試煉，不僅技術能力逐漸提升，營運規模也跟著成長，後續在

台船的重要任務中，都看得見它的身影。

與時俱進，攜手邁進風電產業

「台船不只是我們的衣食父母，也是我們的老師，」丁基展說，由於參與台船與軍工、海工有關工作，使得承攬商的技術與品質提升很多，其中在海事工程方面，錦慶工程已承接離岸風力發電水下基礎的十字接頭與靠船鋼管等工作。

同樣是銲接的工作，造船的專業銲接跟普通鋼材可是天差地遠，丁基展強調，做普通鋼材較無技術門檻，但造船的工藝相當高深，需要不斷練習，尤其是做軍艦、潛艦等項目，業主對品質和技術的要求都很高，有時候連設計圖都很難畫出來，需要根據設計的要求不斷試錯與調整，經過一段時間的經驗積累，才會成功。「不過，一旦學會了就是我們的專長，如果後續的生產需要再次製作原型件，就難不倒我們了。」

舉例來說，風電領域需要高階的專業技術，例如鋼管的開槽需要大角度的銲接，由於在造船時也有類似的技術要求，像是對 DH36 鋼板的銲接需進行預熱，完成銲接後還要進行溫控，因為有相關經驗加持，讓錦慶工程的掌握度更高，靠船鋼管在 45 天內就順利交貨，且達到最高品質，反

觀其他傳統鋼構的公司嘗試 1 年都無法突破。

「因為與台船合作才有機會學到這些技術，讓我們打開知名度，現在還承接日本的相關工程，」丁基展開心地說。

為了承接離岸風電的銲接工作，技師必須花錢報考取得中華海洋事業協會的執照，但他覺得這是必要的投資。他強調，「不管生意好壞，我喜歡有挑戰性的工作，也願意為國家盡一份力，有這樣的工作，我都會盡力去完成，只要能打平、不虧錢就好。」

儘管市場趨於多元化，但神港還是將台船視為最重要的客戶，戴五美表示，台船不同階段的任務有所不同，現在正朝向多角化經營，神港也會學習和配合他們，走在持續創新、改革的路上。

現在環海翡翠輪、風力發電船都看得到神港的燈具，目前神港也有貨櫃輪所需的冷凍貨櫃插座，期待能在燈具以外有更多合作。

增加商船業務，廣納多元人才

許多長期合作的供應商及承攬商，都提及台船因為承接船型的改變、人才傳承的不易，造成工作壓力有增無減。

陳爐就表示，早期在做貨櫃輪時，2 年做 10 艘船，只要

開 1 次標就好，第一次做完後續就比較輕鬆，可以花心思開發別的案子；但近年來，有海巡、海軍等不同船東，又有潛艦、軍艦、海工船等不同船型，每艘都要重畫設計圖，不僅設計很多樣性，又是同時進行，每艘都要面臨新的挑戰。

另一方面，過去貨櫃輪都是系列船，只要做好成本控管，例如何時採購比較便宜、如何增加議價籌碼、什麼時機可以「囤貨」等；但是海軍、海巡這些公務船，都是單一、特製型的，比較沒有議價空間，只能夠加快工作速度、彈性應變。

丁基展則直言，台船現在面臨嚴重的人才斷層問題，每次中鋼或國營事業招考，都會跑掉一些人，如何廣納人才及留住人才是當務之急。

早期台船以商船訂單為主，現階段負責較多的軍工與綠電等任務，像是潛艦、兩棲登陸艦、玉山艦、海工船、離岸風電等，幾乎都是原型艦，缺乏經驗值，也較常出現過去沒有遇過的問題，若新人有挫折感，提不起學習興趣，自然更容易跳槽。

他認為，台船應承接更多商船訂單，畢竟在規劃、設計、製造上都投入很長時間，具備國際一流的水準，商船業務可以擴大規模、增加就業機會，讓更多人才留在台船，進

一步運用這些資源來培養國艦國造及綠能風電的人才；如果要做像是軍艦、潛艦、風電等難度較高的工程，商船方面有經驗的人才就可協助支援，也讓年輕一代有機會獲得更好的傳承。

發揮蝸牛精神

經歷近半個世紀，陳國堅從台船人到台船的外包合作夥伴，一直以來都和台船同甘共苦。

▲ 台船廣納人才，打造出節能與智慧兼具的
研究船、巡防救難艇等船艦。（圖片來源：
台船）

他坦言，因為造船產業的特性，自動化的程度還不到三成，都得仰賴勞力與技術參與大量的勞務工作，所以很辛苦，「就像蝸牛一樣背著殼，這個殼很重，但是我們一定要動，一定要一步一步地慢慢成長，沒有爬就沒有機會。」

近年來台船積極投入風電市場，非鐵也開始參與部分銲接工作，由於設備都是歐洲進口，剛開始是由歐洲派來的種子教官訓練台船領工，外包廠承攬後再由台船師傅來輔導外包廠員工，逐一學習、考過執照後就可上手。

不過，一開始採用新設備做風電銲接，需經過好幾個月的學習曲線。

陳國堅表示，前半年台船有聘請外國技師，協助設備的技術轉移，但技師的專長是硬體而非軟體，有些參數調校還是不太順利，彷彿走到死胡同，「所幸我們跟現場的班長、領班一起研究，不斷調整銲接條件，最後才有所突破，讓品質穩定下來。」

當時員工採用兩班制上工，最辛苦的是與歐洲有 7 個小時時差，早班同仁在中午下班後，要等到半夜 2、3 點歐洲那邊上班才能溝通，然後隔天再來現場告訴大家要怎麼克服，「不過，隨著問題逐步解決，良率也跟著提高，可以繼續推進下一階段的工作，內心的成就感不言可喻。」

放眼未來，期待重返榮耀

　　放眼未來，隨著老師傅紛紛退休，陳國堅期待台船與外包廠能夠多培養三、四十歲的年輕新血，送到外面的造船廠，或有自動化設備的公司去學習觀摩，回來後貢獻所長，看能否讓台船在成功艦出國學習、再生計畫開枝散葉之後，展現第三次的爆發力。

　　他以感恩的口吻說，台船就像是自己的母親一樣，從當初進社會直到現在，在她懷裡受到很好的照顧與培育，然後又在這邊培育下一代，完全是一輩子的事；期待年輕世代能夠盡快接棒，讓台船早日重返榮耀！

未來

6

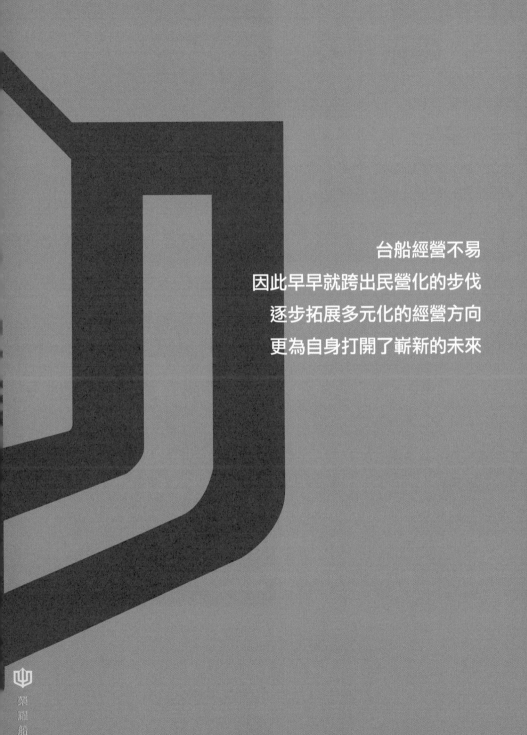

台船經營不易
因此早早就跨出民營化的步伐
逐步拓展多元化的經營方向
更為自身打開了嶄新的未來

榮耀船說

選定航道，
華麗轉身

走過半世紀，台船一步步建立豐厚的事業基礎。在鄭文隆的帶領下，不但已啟動多角化經營，甚至即將在近日豎立全新里程碑。

　　2023 年，適逢台船成立 50 週年，鄭文隆心心念念的四項任務是 MIV 環海翡翠輪、IDS 潛艦、增資計畫、50 週年慶祝活動；而其中有兩項節點，分別是 6 月底順利完成 MIV 交船、9 月底 IDS 潛艦封殼下水，在這兩大「不可能的任務」之後，台船可以說是寫下了國艦國造與離岸風電的全新里程碑，對於啟動多時

▲ 環海翡翠輪的完成，為離岸風電發展，寫
　下全新里程碑。（圖片來源：台船）

的多角化布局，也有定錨的意義。

立足三大領域

雖然台船內部早就提出多角化經營的想法，也曾跨足鋼構與營建工程等基礎設施標案，但真正推展並落實多角化營運的策略，還是從鄭文隆的第二任董事長任期開始。

2016 年蔡英文提出 5＋2 產業創新計畫時，鄭文隆發現其中的離岸風電、國艦國造跟台船相關，也是適合著力的部分，便向時任經濟部部長沈榮津報告，希望未來能立足三領域：商船本業、國艦國造、離岸風電，加速展開多角化布局。

國艦國造主要是根據 22 年海軍建軍計畫而來，其中包括 10 年 141 艘海巡艦的建造計畫，以及國產潛艦自製計畫。鄭文隆表示，自主建造潛艦的計畫相當受到矚目，因為自 1960 年代以來，歷任總統都想從國外購置潛艦，但都吃了閉門羹，想買都買不到，如今台灣能夠自行設計與建造潛艦，從國防戰略角度來看別具意義。

潛艦國造計畫展開後，海軍與台船立刻組成潛龍小組，由專責人員、國內外學者專家與顧問投入研究，經美國軍事專業機構評估，認可台船具有多年建造商船及海軍水面艦艇的經驗，且是台灣唯一完成複雜海軍艦艇建造的公司，深具

潛力可擔任主合約商。

2016 年 12 月 21 日台船正式簽訂潛艦設計合約，並於 2019 年 11 月 24 日正式啟動建造合約的廠房開工，建造潛艦專區與綜合廠房，以及獨立的物料庫房與辦公空間，確保人員與資訊保密做到滴水不漏。經過 7 年的努力，於 2023 年 9 月底舉行全艦封殼、命名下水典禮。

這艘 IDS 原型艦的完工，無疑是台灣國防工業與造船工業的重要一頁，台船也將採用「修造合一」的模式，為潛艦提供維修保養的服務。

「這是標準的藍海市場，沒人能夠取代！」鄭文隆語帶興奮地說，未來海軍計畫打造一支潛艦艦隊，潛艦新建和維修將成為台船的重要業務。他強調，台船擁有全球數一數二的大型船塢，能同時容納 2 艘航空母艦，是獨有優勢，儘管打造原型艦相當辛苦，但後續的量產艦可明顯縮短學習曲線，包括潛艦與大型軍艦將可帶來 30 至 40 年的長期業務。

至於台船跨足離岸風電的契機，則是來自中鋼。

2016 年鄭文隆上任後，時任中鋼董事長宋志育就前來拜訪，當時中鋼正在積極推動政府交付的風力發電計畫，推動策略為「先陸域後離岸」、「先示範後區塊」、「先淺海後深海」，不過，中鋼對海域施工並不熟悉，希望能與台船合

作，由中鋼負責海面以上，台船負責海面以下。

雙方都覺得這是完美的結合，於是中鋼與台船分別成立 W Team 和 M Team：W 代表風（Wind），M 代表海洋（Marine），從字型來看，W 是往上發展，M 是往下扎根，也恰好與各自的專業不謀而合。

組成 M Team

台船的 M Team 主要負責水下基礎及海事運輸安裝，原本要跟世紀鋼合作開發水下基礎，但後來中鋼另外投資成立興達海洋基礎，台船為了避免與中鋼搶生意，就放棄水下基礎，只做海事工程。

鄭文隆表示，為了安裝離岸風電基礎設施，台船需要工作母船，一開始研究的是自升式平台船（Turbine Installation Vessel, TIV），但 TIV 僅能在淺海地區作業，後來發現大型 MIV 較適合深水的海域，提供更多元的海事工程服務，因此決心投入 MIV 的建造。

為了深耕風電海事工程領域，台船與歐洲 DEME Offshore 共同出資，在 2019 年 5 月成立台船環海風電，並於 2020 年 6 月委由台船建造台灣第一艘本土自製離岸風電大型 MIV，歷經 3 年不眠不休地趕工，2023 年 6 月以「環海翡

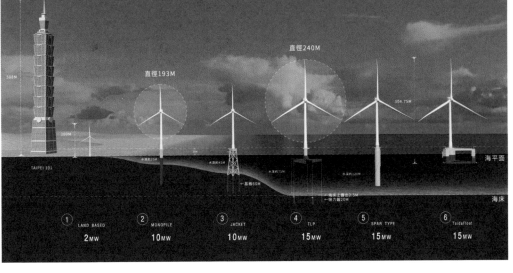

直徑240M

直徑193M

508M

304.75M

200M

海平面

水深約25M

水深約45M

水深約75M

水深約120M

TAIPEI 101

基樁60M

海床上露出2.5M

錨力筋20M

海床

① LAND BASED
2MW

② MONOPILE
10MW

③ JACKET
10MW

④ TLP
15MW

⑤ SPAR TYPE
15MW

⑥ TaidaFloat
15MW

翠輪」為名舉行交船典禮。

鄭文隆坦言，環海翡翠輪在建造期間遇到匯率變動、疫情、通膨、缺工等問題，加上又是首次承造及歐規要求，面臨不少外在環境與技術上的挑戰，造成工程成本遽增；不過，MIV 投入營運後商機可期，每天租金高達 30 萬至 40 萬歐元，且近海區域兩天就能完成一座風機的水下基礎（Jacket Fundation）安裝，如以投資的眼光來說，只是投資回收期拉長而已。

事實上，由於 MIV 的建造品質受到好評，加上離岸風

▲ 台船積極發展浮式風機浮台（右一），以開創離岸風電領域新頁。（圖片來源：台船）

電海工服務的需求愈來愈高，不僅承接風電海工業務的業者表達高度興趣，就連銀行都有意出資請台船建造、再租賃給相關業者。

鄭文隆透露，國外業主想請台船打造全球最大、6,000噸等級的 MIV，但他認為可以沿用現有的設計圖、人力與經驗，再建造 4,000 噸等級的 MIV 更為適合，無論如何，後續 MIV 建造及服務的商機都很值得期待。

祭出激勵措施

「在台船半世紀的歷史中，潛艦與 MIV 都是極度嚴肅且困難的案子，」鄭文隆有感而發地說，台船大約有三分之一的人力投入潛艦項目，另有三分之一的人力投入 MIV，這2 艘就用掉台船三分之二的人力。但兩者的困難之處不同，MIV 難的是技術；潛艦首重安全性，海軍要求最佳品質，台船必須根據其要求來建造，但最難的在購買裝備，有時供應商可能不賣，就需要海軍協助。

這兩艘都是台灣史上頭一遭，建造期間自然要面對無數難關，一直到 2023 年初，台船內部都還沒有把握能否按照預定節點完成進度。1 月 17 日，距離農曆過年只剩 5 天，鄭文隆召集潛艦小組的所有幹部開會，請大家閉上眼睛，舉手

表達看法；他詢問在場十多位主管，結果沒人認為潛艦可以在 9 月順利下水，有一位認為一定不會成功，只有一位認為很努力可能成功。

同一天，他也對著 MIV 小組的所有主管，問了同樣的問題，結果沒有一位認為會成功，所有人都舉手認為一定不會成功。鄭文隆察覺情況不妙，趕緊對主管們做好心理建設，同時擬定激勵措施，如果能按節點達成階段性目標，就發放獎金鼓勵；如果前個節點沒能按時間達成，只要下一個節點趕上進度也會發放。

至於 9 月底潛艦下水目標，鄭文隆同樣提出誘因，只要準時完成任務，10 月起參與者都將獲得升等一級加薪的獎勵；此外，要求每個單位提出最後 5％的名單，於年底納入裁退資遣的檢討。

紅蘿蔔與棍子雙管齊下，各單位施工團隊都很願意配合加班趕工，台船也與業主監工、船級社做好溝通，在符合勞動法規與工安規定的前提下全力以赴，最終，才能夠完成非常任務。

在商船部分，過去是台船營收主力，隨著市場持續衰退，訂單高度集中到南韓、日本及中國，台船更是面臨嚴峻困境。為了突破現況，鄭文隆報請經濟部同意，讓台船主動

自建 4 艘 3,000 TEU 貨櫃輪，一方面維持商船工廠運作，一方面避免承攬商與供應鏈崩解。所幸航運業者對商船需求孔急，台船在 2022 年順利將 4 艘船高價出售給萬海航運，總金額超過 2 億美元。

事實上，行政院與海委會都在討論如何振興台灣商船產業，這攸關台船在商船市場的競爭力。

鄭文隆認為，商船產業根留台灣，台船就會在其中扮演重要角色，畢竟大型商船只有台船造得出來；目前台船約有 3 千位員工，加上承攬商 7 千至 8 千位從業人員，可說有上萬人依附在產業上，必須維持台船商船基本能量，否則供應鏈一旦瓦解，未來也會衝擊到國艦國造計畫。

台船防蝕絕地重生

在台船啟動多角化營運的同時，轉投資的三家子公司——台船防蝕、台船動力、台船環海風電，也扮演了重要的活棋。

台船防蝕成立於 2010 年 9 月，是台船第一家子公司。「當時台船經歷產線滿載的黃金時期，高雄廠 12 艘船加上基隆廠 6 艘，每年可以生產 18 艘船，」鄭文隆每次接待外國船東時，客戶都大讚台船的塗裝做得最扎實、最好。

因為當時本業表現良好，鄭文隆希望擴展多角化業務範圍，首先想到就是防蝕塗裝領域，所依據的底氣就是台船優異的塗裝技術人才以及專業塗裝工廠，可以將防蝕能量發揮到其他行業。

好的塗裝技術需要好的塗料搭配，台船找上台灣唯一上市的油漆公司——永記造漆工業，詢問是否有意合作，並獲同意。於是便以台船持股 70％、永記持股 30％的方式合資，由永記負責生產塗料及研發，台船負責塗裝施工與業務開發，雙方攜手從造船業擴展到其他行業。

合資計畫經董事會通過，台船便將塗裝業務移到子公司，為支持其發展，第一年支付 7％管理費，之後逐年遞減，希望台船防蝕可投入研發與業務推廣，在市場站穩腳步。

不過，鄭文隆回任董事長時，卻發現台船防蝕方向走偏，不僅研發及業務開發狀況停滯，公司內部更是充斥著散漫氛圍；為讓台船防蝕絕地重生、自給自足，他裁示 2017年 3 月底起，不再支付管理費用，同時外部攬才進入台船防蝕，進行整頓工作。

台船防蝕歷經組織改造及人員重組，從台塑雲林麥寮廠六輕工程重新承攬標案，展現新氣象，不管是業務接洽、承攬及報價，工程執行前協調及工期進度掌握，均獲業主及母

公司台船肯定,之後營運漸入佳境,2018 年起轉虧為盈,連續 5 年都有獲利;2019 年則與永記拆夥,由台船收回永記股權,雙方在塗料方面仍繼續合作。

為員工打造平價住宅

台船防蝕不僅在營建工程領域,走出屬於自己的一條路,也替母公司承接重要任務,其中之一就是「船佳堡」。

鄭文隆有感於年輕人才流動率高,尤其現場工作辛苦,

▲ 台船防蝕的防蝕塗裝領域深受客戶稱讚,
更促使他們將技術向外發展到其他行業。
(圖片來源:台船)

公司獲利有限，一遇上好機會就會跳槽，因此希望透過提供平價住宅的機會，吸引員工留任。

鄭文隆說：「只要願意打拚，累積技術，加上公司提供好福利，就會提高員工留任意願，剛好台船防蝕有營造工程的能量，便交予其負責。」

不過，開始找地時處處碰壁，只能想辦法找地主合建，在專業建築設計團隊規劃下，興建地下三層、地上十五層的住宅大樓，共有 156 戶。

鄭文隆說，經過內部調查，將近 2 千位員工有認購平價住宅的意願，所以判斷可行，台船做這件事並非為了營利，而是希望吸引人才、員工能安心成家。

開發潛艦自主設備

至於台船動力，可以說是台船開發潛艦衍生的「副產品」。鄭文隆說，潛艦裝備大多掌握在國外廠商，需要取得輸出許可，如果國內能自行研製裝備，將來就可避免被外國掐住。

譬如提供潛艦在水下靜音維持動力的電池，是關鍵技術之一，原本有企業想投資成立公司，研發高效能電池，台船則以入股 5％進行合作。後來台船慢慢收購其他股份，變成

持股 83%。

鄭文隆表示，台船動力團隊集合了年輕有熱忱的高科技人才，除了開發潛艦專用電池，未來新造潛艦有機會導入其自主開發的電池以外，也研發出電動渡輪的大型電瓶，後續發展可期。

在發展三大事業的同時，台船近期又有新契機——石化基礎設施。鄭文隆強調，這項發展與土木、鋼構息息相關，也是台船強項，近期不斷在市場競爭上有所斬獲，光是中油在洲際碼頭高雄港洲際貨櫃中心的石化基礎設施，台船就已取得 120 億元的標案，未來有機會成為營運第四支柱，也將與子公司台船防蝕緊密合作。

邁向下一個 50 年

從 GPO 系列的潛舉式甲板重貨載運輸，一直到潛艦及 MIV，近年來台船不斷開發高難度的船艦，也承接特殊船型訂單，雖然研發門檻高，對財務上難免產生負擔，但鄭文隆表示，新型船艦運用到的高階技術，也會提升台船自身的技術能量，磨練團隊能力，是台船邁向多角化、永續經營的重要基石。

鄭文隆強調，台船自身十分努力闖出路，也希望政府能

支持商船政策，台船核心業務會更穩定，至於現今逐步累積成效的離岸風電、國艦國造等業務，願景會更清楚；重要的是，台船要能順利完成增資，彌補投資在 MIV 的資金缺口，才得以更健全的財務結構，迎向未來挑戰。

▲ 從 GPO 系列到 MIV、IDS，台船多角化發展，期望永續經營，邁向下一個 50 年。（圖片來源：台船）

跨域經營，
成功轉型

做為台船旗下第一家轉型的公司，台船防蝕緊跟著母企業的腳步，重整團隊，轉虧為盈，可說是最佳跨域經營典範。

石化建設、離岸風電、營建業，這些看起來跟防蝕本業不太相關的工作，已經成為台船防蝕的重要業務，也見證了台船第一家轉投資公司，與母公司同步，展開多角化經營的歷程。

談起台船防蝕成功轉型，就不能不談到其關鍵推手、現任台船防蝕總經理陳秋奴。

陳秋奴三十多歲就進入造船業，曾在台船基隆材料中心底下擔任承攬商，負責材料中心、物料及備品等工作，由於二十幾年前造船產業女性員工稀少，所以在基隆廠與工程師、現場師傅開會時，經常都是「萬綠叢中一點紅」，也因

▲ 台船防蝕橫跨多項產業，成功轉型，開創
多角化經營。（圖片來源：台船）

此培養出其獨特堅毅個性與專業能力。

陳秋妏記得，剛進台船基隆廠當包商，竟把船上雷達當水塔，這才驚覺，因為自己不是念造船，如果想立足造船業，就必須建立足夠專業知識。她先從船的基本結構學起，看圖紙、算材料數量，學完航儀就學電纜，依序累積專業，陸續考取各種相關工程證照二十多張，連堆高機駕照都有，讓師傅與工程師不得不對她刮目相看。

陳秋妏在基隆廠素有「小辣椒」稱號，許多人對她的印象是主動、強勢、熱心，因為風格鮮明、積極任事，又是造船廠極少數的女性，幾乎沒有人不認識她。

由於她帶領的團隊紀律好、執行力強，且屢屢獲得優良協力廠商，讓時任基隆廠督導的副總經理、現任總經理的魏正賜印象深刻，也一起解決過許多難關，培養深厚的工作默契與革命情誼。擔任承攬商中間，也曾經南下支援高雄廠艤裝工廠塗裝工程。

魏正賜就任台船副總經理後，也兼任台船防蝕總經理，邀請陳秋妏到台船防蝕帶領團隊，儘管這不在陳秋妏原先人生規劃中，但她基於對台船的情感、使命必達的決心，才願意扛起改造台船防蝕的責任，進而讓其擺脫由母公司支援，轉虧為盈、重整團隊，創造業績與獲利，回饋母公司。

帶領組織變革與業務拓展

　　陳秋妏接掌台船防蝕時，公司有 26 位員工，但業務量幾乎掛零，台船防蝕過去 7 年完全靠著台船挹注子公司的塗裝工程管理費來維持開銷，她檢視工程合約和業務相關資料，深感處境艱難，加上過去承攬商的身分，讓她承受很大的壓力，曾數度萌生退意。

　　但拚著一股不服輸的意念，陳秋妏開始盤點公司資源與核心技術為台船防蝕存在價值，當機立斷展開兩項變革。

　　首先，盡快取得業務，確保公司能夠生存下去；第二，調整組織架構，走向扁平化、合理化，減少不必要的管理階層。此外，她也不斷向同仁喊話：鼓勵同仁先要求生存，而不是生活，唯有找到穩定的業務之後，才能進一步發展，照顧更多員工家庭，創造利潤回饋公司。

　　為了拓展業務，她靜下心思考：台船正處於船艦業不景氣之下，而台船防蝕如何生存下去，便來研究過去的標案文件，早期台船防蝕主要承接台塑雲林麥寮廠區工程案，但因工程進度落後或無法滿足業主要求，慘遭停權 2 年，由於深知開發新業主不易，於是做了一個決定：「回到麥寮。」

　　陳秋妏前往麥寮破冰，與台塑建立良好溝通管道，親至

現場瞭解業主需求，經過幾個案子的模擬與努力，重新贏得台塑信任，持續開拓麥寮業務，2 年內取得十幾個工程案。

　　陳秋奴也發現台船防蝕組織結構與文化上的問題，大刀闊斧進行縮編與薪資重整。員工雖一度縮減到 18 人，但後來業績持續好轉，組織人事也自然換血，至今團隊已擴充到 90 幾人。

　　另一方面，積極提升管理效能，2018 年取得 ISO 9001 國際品質管理系統、ISO 14001 國際環境管理系統及 ISO

▲ 歷經組織和制度的變動，從員工到公司都
　煥然一新，讓台船防蝕蛻變成為競爭力十足
　的企業。（圖片來源：台船）

45001 職業安全衛生管理的國際認證；為了跨足風電領域，也跟 FROSIO 合作開設國際塗裝檢驗員培訓課程，並引進中文化教材與測驗，通過率從 30％，大幅提升到 96.7％；為了鼓勵同仁考取更多證照，提供證照補助金，藉此提升公司及員工競爭力。

從救火隊到先鋒部隊

過去台船防蝕在集團角色像是救火隊，完成交辦任務。例如協助環海翡翠輪引進技術工人，確保順利交船，也幫潛艦進行最後一棒塗裝工作，但台船防蝕自知不能只當救火隊，一定要持續強化實力，開拓多元業務領域。

「相較於風電有政府政策支持，台船防蝕處於紅海中紅海，必須找到藍海，」陳秋妏有感而發。於是，帶領團隊主動出擊，掌握能源轉型趨勢，大舉挺進離岸風電市場。2019 年起建立離岸風電防蝕工程的能量，先後承接海獅潛艦防蝕工作、海軍海龍潛艦塗裝維修工程及海鯤潛艦外板塗裝，還陸續承接興達海基之沃旭風場、中能風場及台船海龍風場水下基礎鋼構防蝕塗裝工程。可見台船防蝕於船舶軍艦、風力發電、太陽能等各防蝕能量方面，在台船扮演重要角色。

2022 年起，台船防蝕跨足營建業，承接左營海軍潛修

處電機場新建及電瓶場整建工程，協助台船設置綠電、太陽能，履行用電大戶業務，著手興建台船船佳堡員工住宅。

陳秋奴強調，台船防蝕業務原本就涉及土木營建工程，對營建並不陌生，近年台船為吸引人才，興建員工住宅、以合理價格出售給員工的做法，獲得董事會支持，就由台船防蝕轉投資的台船營造負責，從零到有，讓構想成為實境。

不過，一開始找地時，歷經不少波折，直到現在的合作夥伴認同台船蓋房子給員工的理念，也接受以合建由台船防蝕負責全部銷售後分期取回售金方式，才順利完成任務。

如今，船佳堡打造了 156 戶新屋，將全數由員工抽籤選購，預計 2024 年年底完工，2025 年 3 月即可入住。

新團隊繳出亮眼成績單

對台船防蝕來說，船佳堡只是個起步，台船防蝕希望以國營事業背景及豐富營建工程經驗，發揮品質與公安優勢，結合集團營造、塗裝與儲能技術，進一步爭取與政府合作興建社會住宅，讓更多人能享受到平價、高品質的居家環境。

在管理團隊與經營方針帶領下，台船防蝕近幾年繳出亮眼的成績單，多角化經營有聲有色，2018 年轉虧為盈，2019 年至 2022 年更是連續獲利，並將累積的 5,500 萬元盈餘轉增

資，陳秋妏也從特助、副總經理被拔擢為總經理。2022 至 2023 年業務開發方面也大有進展，協助母公司台船連續爭取中油在高雄大林石化油品基礎建設統包工程 26 座儲槽及槽車案，並順利得標。

「我們的核心專長防蝕太狹隘，市場有限，所以必須打開思路，才能實現多角化經營，」陳秋妏欣慰地說，現在的台船防蝕，以三面向站穩腳步，從防蝕擴展、營建和新能源。放眼未來，台船防蝕將配合台船策略布局與規劃、緊密合作，長期目標從 PCM 公司，朝向大型工程統包（Engineering、Procurement、Construction, EPC）公司轉型，與台船共譜新的榮耀船說。

掌握關鍵技術，
突破進口阻礙

在潛艦國造眾多裝備計畫中，台船動力所研發製造的鋰電池系統，扮演著至關重要的角色，也為台船注入嶄新能量，並提高國際競爭力。

　　進入台船基隆廠區後，沿著船屋旁道路筆直前進，通過一台又一台的巨型吊車，抵達廠區最深處。這裡有一幢新大樓，是台船多角化經營轉投資的子公司──台船動力的所在位置，也就是鄭文隆口中的「國艦重要裝備園區」。

研製新能源系統，協助台灣船舶產業進入新紀元

　　2021 年 3 月，為讓台灣船舶產業邁向新能源科技，在鄭文隆支持推動下，成立了台船動力。這是台船在繼 2010 年台船防蝕、2019 年台船環海風電後，第三個多元化發展轉投資經營的子公司。

▲ 台船動力致力於研發製造鋰電池和電動船系統整合，為母公司注入新能量。（圖片來源：台船）

台船動力成立之初首要的任務，即致力本土化並研發製造鋰電池系統，提供潛艦國造的電力來源。鄭文隆曾說：「台船動力研發鋰電池，將是潛艦國造案中第一個自研案，希望台灣將來能夠自己掌握潛艦的動力來源。」

鄭文隆對台船動力寄予厚望其來有自；他曾經坦言，在潛艦國造專案中遇到高達 107 項主要、次要裝備（紅區裝備）需仰賴國外進口，這些關鍵零組件皆必須有「出口許可證」才能夠進口台灣，「過程一波三折、處處碰壁，所以只要能自己掌握的，台船都想要『自己研發出來』。」

台船動力成立後，延攬王碩彬出任執行長，負責召募人才，組成鋰電池系統研發團隊。主要原因和鄭文隆回鍋台船後戮力推動多角化經營有關。希望透過跨領域合作，為台船注入更多新能量、提升技術與增加競爭力。

研發新技術，同時找尋增加營收機會

「台船的國艦國造計畫，除了實踐國家的使命，也要以民營企業思維，培植國際化能力，」鄭文隆並沒有直接從台船轉調人才，反而授予王碩彬人事自主權，並強調「找到好人才，一起打拚。」銜「國家使命」成立的台船動力，主要目標自然是潛艦國造專案。潛艦用的鋰電池必須考慮在密

閉空間中溫度、濕度、鹽分，以及遭意外衝擊、撞擊所造成的各種變數，皆需被考慮及克服，為國內創舉；而團隊需面臨許多挑戰，壓力之大可想而知。

但科技研發畢竟無法一蹴可幾，也需要「時間」等待成果，台船採取穩紮穩打的發展策略，因此 2023 年 9 月下水的原型艦上，還沒有運用自製研發的鋰電池系統；但未來發展前景指日可待。

不過，王碩彬也坦言，身為新創公司，為了負擔初期龐大的研發開銷，也必須另闢財源，來支撐公司營運與發展。台船動力因此鎖定兩大發展領域：海上、陸上儲能系統以及電動船系統整合。陸上儲能系統可做為台電備載容量使用，為能夠即時偵測電網系統頻率自動調整輸出功率的調頻系統，可儲存電能和供電，因應 2050 年零碳排目標，台灣對於陸上儲能系統需求日增，而母公司台船即為台船動力第一個陸上儲能系統的客戶，團隊藉此加強實戰經驗，提升技術與效率，做好未來進軍國際市場的準備。

目前，台船高雄廠區正在建置一座 5MW 的儲能系統，做為調節高雄廠區用電之功用。其作用在於，當發現廠內用電量即將超載時，控管整個廠區用電的儲能系統就會自動調節，降低市電用電，有效調節廠區微電網內發電、配電與用

電，以達到穩定電網頻率，甚至還可以就近使用再生能源，不僅優化用戶端的能源效率，也同時兼顧電網端的穩定。

至於海上儲能系統，則是將龐大電池系統裝載到商船上。由於船上空間有限，維持航行所需的動力轉換成電池系統模組的體積也相當驚人，技術上突破也較為困難，王碩彬說：「現在全世界只有少數電池系統公司符合船級認證，才可以將符合認證的電池系統整合到貨櫃船、工作船或商船上。」突破技術上的挑戰，是台船動力的機會。

而機會是留給準備好的人。歐盟將在 2025 年對全球航運業者開徵「碳稅」，只要超過 5,000 噸以上、用於商業目的之客貨船舶都需交稅，以降低石化燃料的使用量，目標是 2050 年航運零碳排。

航運零碳排還需要一段時間，但海上儲能系統現況可以解決商船在進出港時，燃燒石化燃料所造成嚴重汙染的難題；假使改用儲能系統的電力來做為船舶進出港的動力來源，便能大幅降低對港口造成的汙染；台船動力如今正好站在這波巨浪之巔，隨著巨浪前進，這股浪潮中找尋機會。

台船動力另一個發展主力——電動船系統整合，短時間內已經交出不錯的成績單，實績包括：2022 年 7 月完成日本客戶電動船系統整合，成功在日本下水航行；2023 年 6 月完

成高雄市輪船公司 1 艘 100 噸電動渡輪系統更新與整合，都是最佳實例。

台船也在 2022 年年底，得標高雄輪船公司「新建電力驅動渡輪三艘（統包含細部設計）案」新船業務。

王碩彬表示，這 3 艘電力驅動的渡輪與遊港船，主要將在高雄港內水域航行，取代傳統柴油引擎動力採用電動推進，逐步邁向綠色能源轉型，帶動地方綠能交通，促進低碳城市目標的實現。

未來電動船系統整合大有可為

王碩彬不諱言，台灣發展電動船產業，和陸上儲能系統遇到的問題雷同：這些在國外已日臻成熟的領域，電動化系統都從小船發展至萬噸級船舶；台船動力將以台灣市場做為起點，努力追趕、展現實力，才能有機會占有一席之地。

現階段台灣電動船市場，大多選擇國外品牌，而台船動力的優勢，就是本土與在地。電動船具有環保和節能的優點，從長期來看能夠降低成本。然而，卻經常因為採用國外系統，維修困難，容易成為電動船孤兒，影響業者從傳統燃油船向電動船轉型的意願。

至於台灣電動船廠商，目前仍處於發展階段，難以提供

完整的整合、維修和保養服務。「挑戰別人未開發的領域，
就是台船動力的優勢，」王碩彬定位台船動力是一間「專業
技術的服務業」為導向的公司，努力朝向「24 小時內解決
客戶問題」為目標。

▲ 潛艦國造專案中第一個自研案為鋰電池系
統，由台船動力負責，希望讓台灣將來能自
己掌握潛艦動力來源。（圖片來源：台船）

為節能船舶做出貢獻

展望未來，鋰電池研發不僅將帶動本土船舶產業的電動船發展，還有機會擴展到太空應用領域。

此外，澳洲已經出現以鋰電池儲能系統為主要動力來源的電動渡輪，能承載 1,000 人航行 2 小時；王碩彬也以此為目標，期待 5 年後多數在台灣水面上航行的電動船，都能掛上台船動力的品牌，且能乘載的噸位更大、續航力更強。

王碩彬拿出公司成立之初和同事一起設計的企業標識——由藍色和綠色組成的帆船，並分享：「綠色風帆是願景，我們想要打造世界級的綠能船舶公司、為船舶產業投入新能源科技，做出卓越貢獻；淺藍色的舵象徵發展卓越、節能、環保電動船艦載具事業的使命；深藍色的船身則代表好奇、熱情、傾聽、誠信、團隊、創新的六個核心價值。」

在鄭文隆的信任與支持下，台船動力這艘由即將邁入大衍之年的台船所打造出的小船，雖然創立不到 3 年，但以嶄新的氣象和滿滿的活力，航向更高、更遠，浩瀚遼闊、充滿無限可能的未來。

結語

航向下一片藍海

　　頂著南國的豔陽揮汗工作、冒著惡劣的海象出海試航，那些充滿陽光、海風與汗水的味道，交織成一個個動人故事，也打造出一段段的榮耀船說。

　　鄭文隆對前董事長徐強所說「台船是苦孩子，不是壞孩子」心有戚戚焉，他深覺在台灣十大建設中，台船最有雄心壯志，但過程也最為艱苦；早期台灣與南韓的造船業幾乎並駕齊驅，但南韓提出「造船興國」，台灣則走向自由競爭，造成後來的結果天差地遠。

　　雖然站在不同競爭基礎上，但不管是為商船注入創新設計，或國艦國造的使命、離岸風電的新任務，台船每每都能完成艱巨的任務。鄭文隆認為，台船人「質樸」與「執著」的特質扮演關鍵要素：因為質樸，所以不花俏，因為執著，所以「使命必達」，將每艘船當做重要任務看待、盡力完成，「這是很好的企業精神，也是台船最可貴的資產。」

　　轉型的過程必有陣痛，也不可能一蹴可幾。鄭文隆從

2016 年回任董事長後，就常以「毛竹扎根」及「老鷹重生」的故事來勉勵員工。

「毛竹扎根」的故事是說：毛竹種下去之後，前三、四年只會長幾公分，因為都在地底下努力扎根，但從第四年開始，3 個月就可以長到十幾公尺。這告訴我們，當企業還在扎根階段時，或許看不到明顯成績，畢竟改造組織、強化技術養成、翻轉企業文化都是曠日廢時的大事，但只要開始往上生長，就會以飛快的速度直聳入天。

「老鷹重生」寓言則是這麼說：老鷹在 40 歲時會面臨重生關卡，這時候牠的爪開始老化，啄又長又彎幾可及胸，羽毛過於濃密，幾乎難以飛行及覓食，如果牠不能忍過 150 天痛苦的重生淬鍊，就會在 40 歲時死亡。可是，想要重生，老鷹必須勉強飛到懸崖上築巢，靠著擊打岩石拍掉長啄，以新長出來的啄拔掉老爪甲，再以新生爪甲拔掉老舊飛羽，唯有經歷這段淬鍊，才能煥然一新，再度遨翔天際數十年。

「老鷹重生」喻指台船需自我革新，「毛竹扎根」則表示正在奠定扎實的根基，鄭文隆透過這些故事，鼓舞員工度過艱苦時期。現階段台船已經設立具體的目標，並且走在正確的航道上，只要大家同舟共濟、乘風破浪，一定能夠浴火重生，迎向下一個更輝煌的 50 年。

附錄
科普船說

造船業對於大部分讀者來說，可說相當陌生。本文將藉由趣味的知識及圖片整理，帶大家揭開大船的秘密。

掌握方向的舵機

　　船隻航行在海上，仰賴「舵」控制航向。一艘現代化的大型船，舵系統由舵葉本體、舵桿、舵承座、舵機、控制方向盤、自動導航等諸元組合而成，在遠端駕駛台操控方向盤，產生舵角電子訊號傳送至舵機，以電動油壓的方式驅動舵桿，進而轉動舵

圖一：舵機

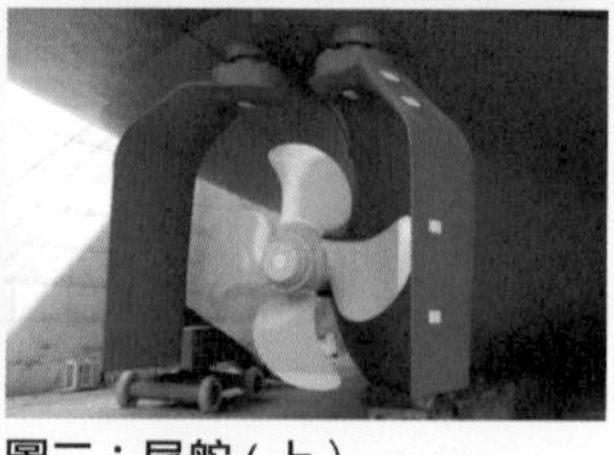

圖二：尾舵（上）
圖三：螺旋槳（下）

葉、完成轉向。

　　舵系統的設計需從船體外形、螺旋槳與舵葉一起匹配設計，先建立 3D 模型，模擬（圖四）水流動之流場變化，確定舵（圖五）的幾何，最後在新船試航時驗證性能。

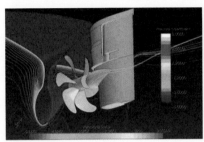

圖四：模擬　　　　　　　圖五：舵

　　舵機完成之後，必須經過一連串包含靜態與出海動態的測試，才能確認功能是否正常，舵機測試也是新船試航的十大測試項目之一。

　　舵機測試需求條件與步驟如下：

　　主操舵交驗： 於船全速行駛時，使用 1 組及 2 組舵機的液壓泵（Power Unit），確認右舵 35 度到左舵 30 度，或左舵 35 度到右舵 30 度之間，作動時間應在 28 秒內。

謀定而後動的錨機

　　除了舵之外，大家最常聽到的就是船錨。一般來說，船舶在水上，難免會遇到需要停泊的狀況，例如準備進港，卻無碼頭船席可靠泊，需要在港外等待，而錨機的功能就是讓船在錨地，或特定地點能保持幾乎靜止的狀態，避免意外產生，防止未預期碰撞鄰近船舶。

　　錨的種類甚多，按其結構和形狀大致可分為：有杆錨、無杆錨、大抓力錨及特種錨四大類型。所謂的特種錨就是有特殊用途的如單爪錨、雙爪錨、多爪錨、菌形錨、浮錨等；按重量和所起作用分為：主錨、中錨和小錨；按設置的位置和用途分為：舷錨、艉錨、備用錨、移船錨、定位錨、退灘錨和深海錨等。

　　基本上，具有橫杆的錨，稱為有杆錨（圖一）。其特點是一個錨爪齧入海床的砂土中，當錨在海底拖曳時，橫杆能阻止錨爪傾翻，起穩定作

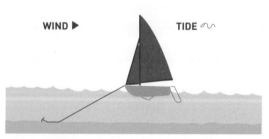

圖一：有杆錨

用。有杆錨中有海軍錨、層洛門錨、單爪錨及日式錨等。其中海軍錨是使用時間最悠久的典型有杆錨，亦稱為普通錨。

　　至於無杆錨（圖二）就是沒有橫杆、錨爪可以轉動的兩爪錨。特點是兩個爪同時齧入土中，穩定性好，對各種土質的適應

圖二：無杆錨

性強，收藏方便。常用的無杆錨主要有霍爾錨、斯貝克錨、AC-14 型錨及 DA-1 型錨。其中霍爾錨是大中型船舶主錨選擇的物件，台灣喜歡用這種錨。AC-14 型錨常用做大型貨櫃輪、汽車運輸船及超大型油輪的主錨，是歐美諸國及日本常用的錨。DA-1 型錨是目前世界上最穩定、結構最先進的錨，日本造船界認為此種錨是最理想，最有發展前途的錨。

大抓力錨實際上是一種有杆轉爪錨，具有很大的抓重比。大抓力錨中有馬氏錨（圖三）、丹福爾錨、快艇錨、施得林格錨及斯達托錨等。特種錨的形狀與用途與普通錨均不同，主要是指供浮筒、囤船、浮船塢等使用的永久性系泊錨；或破冰船上所用的冰錨及帆船和小艇上用的浮錨等。

圖三：馬氏錨

錨機製作完成之後，也必須透過測試，確認功能正常與否，舵機測試需求條件與步驟如下：

1. 需在海面下 80 公尺深處進行測試。
2. 拋下船錨（左、右舷先後各測一次），自由落下過程中剎住二至三次以測試性能。
3. 拉起錨鏈，以碼錶測量每節錨鏈的起錨速度。按照船級協會規定，錨鏈起升平均速度，不低於每分鐘 9 公尺。

船的噸位不等於重量

以下這段形容船的廣告，讀者肯定見過：「○○○號於 2017 年 11 月開始營運，船舶噸位為 15.1 萬，最大載客量 3,378 人……」，常常誤以為廣告中提到的「噸位」是指船的重量。

其實，這則廣告明顯將排水噸（重量）與容積噸（總噸位）搞混，不只民眾，甚至許多航運業從業人員，並不清楚總噸位是指船內容積，屬容積噸，且無單位，與排水量多少噸更是完全不相干。基本上，船的噸位可分成容積噸（Tonnage）與重量噸（Displacement Ton）。其中，容積噸又分成總噸位（Gross Tonnage, GT）及淨噸位（Net Tonnage, NT）。

噸位是船舶的載貨量，與船的載貨空間有關，該術語來自古時候，歐洲依船可載酒桶數計算稅收。在現代航海用法，「噸位」特別是指船舶的體積或可載貨物的體積，約等於 100 立方英尺，實際上需依照國際海事組織（International Maritime Organization, IMO）頒布的規定計算。噸位不應與排水量混淆，排水量是指船舶的實際重量，噸位通常用於計算商業運輸費用。總噸位是依據船舶噸位丈量公約或規範等規定，丈量船舶所有圍蔽處所的總容積，並按公式算出船舶的總噸位。總噸位代表船舶大小、區別船舶等級，主要用於計算船舶費用（登記費、過運河費等）及處理海事規費的依據。

而淨噸位則是丈量船舶各載貨處所的總容積，並按一定的公式算出淨噸位，是計算船舶繳交港口費、領航費、燈塔費、停泊費、過運河費等各項費用的依據。

至於重量噸就是船重量，也等於排水噸，因為根據阿基米德原理，船排開多少水的重量就等於船的重量，有時我們就會說排水量有多少噸；1 噸等於 1,000 公斤，是實際船重，可以衡量船實際的大小，例如用於衡量軍艦的大小，因為軍艦不需繳納各種規費，故不適用也不會去計算總噸位、淨噸位等容積噸。

從紙本到電腦繪船

　　船艦的建造概念與房子建造類似，必須從設計與藍圖繪製開始，一步一步架構出來。在電腦時代來臨前，造船設計人員必須利用傳統繪圖工具進行設計和工程製圖，費時費力，繪圖品質與精度也隨著繪圖師技能水平和個人風格產生影響。

　　隨著電腦軟體發展，設計人員可運用 CAD（Computer-Aided Design）軟體進行平面繪圖與三維模型建立，相較於傳統繪圖作業可大幅提升設計與繪圖效率與品質，且不同系統工程師可在同一個作業平台進行協同設計，更能確保設計的正確性與可靠性。

　　隨著軟體與技術演進，CAD 系統架構由過去單一功能變成綜合功能，發展成電腦輔助設計與輔助製造聯成一體的電腦整合製造系統（Computer-Integrated Manufacturing），即所謂 CIM。

　　台船是以 CAD ／ CAM（Computer-Aided Manufacturing）為協同設計兩大支柱。橫向協助設計各平行單位優化設計軟體、提升效率，縱向則以現場施工為考量，在優化設計時實踐生產導向設計。同時，也開發出生產、藍圖、管單件等管理系統，並逐步跨入電腦整合製造 CIM 的領域，朝向智慧型船廠的目標邁進。

繁複細膩的造艦船作業

　　一艘艦艇從設計到建造完成，必須經過繁複綿密的作業，所投入的人力物力，非外界所能想像。

　　一般來說可分成艦艇建造施工，以及整體後勤支援（Integrated Logistics Support, ILS），其功能不同，依構型品項（Configuration Item, CI）、構型識別（Configuration Identification）及構型基準（Configuration Baseline），將構型管理區分成建造工程構型管理及後勤構型管理兩大類。

　　建造工程構型管理主要是建立設計圖說與技術文件的管理資料，產出的構型資料為設計圖說與建造施工相關技術文件。後勤構型管理主要係建立艦艇裝備系統基本資料，層分為系統、次系統、裝備（單機）、總成、次總成、零附件等。產出的構型資料為系統裝備構型層分資料、各類技術文件（Availability Planning Form, APF、Intermediate Maintenance Activity, IMA、Technical Repair Standard, TRS）、派工單、備料清單、品管單、裝備保養索引表（Maintenance Index Page, MIP）及裝備保養需求卡（Maintenance Requirement Card, MRC）等。

　　依據艦艇細部工作劃分編號系統（Expanded Ship Work Breakdown Structure, ESWBS），發展全艦裝備系統由上而下之層分結構，示意圖如下。

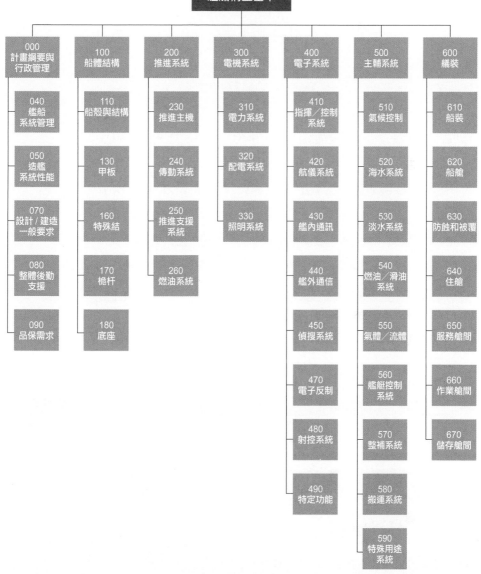

艦船構型基準

- 000 計畫綱要與行政管理
  - 040 艦船系統管理
  - 050 造艦系統性能
  - 070 設計／建造一般要求
  - 080 整體後勤支援
  - 090 品保需求
- 100 船體結構
  - 110 船殼與結構
  - 130 甲板
  - 160 特殊結
  - 170 桅杆
  - 180 底座
- 200 推進系統
  - 230 推進主機
  - 240 傳動系統
  - 250 推進支援系統
  - 260 燃油系統
- 300 電機系統
  - 310 電力系統
  - 320 配電系統
  - 330 照明系統
- 400 電子系統
  - 410 指揮／控制系統
  - 420 航儀系統
  - 430 艦內通訊
  - 440 艦外通信
  - 450 偵搜系統
  - 470 電子反制
  - 480 射控系統
  - 490 特定功能
- 500 主輔系統
  - 510 氣候控制
  - 520 海水系統
  - 530 淡水系統
  - 540 燃油／滑油系統
  - 550 氣體／流體
  - 560 艦艇控制系統
  - 570 整補系統
  - 580 搬運系統
  - 590 特殊用途系統
- 600 艤裝
  - 610 船裝
  - 620 船艙
  - 630 防蝕和被覆
  - 640 住艙
  - 650 服務艙間
  - 660 作業艙間
  - 670 儲存艙間

減少水上阻力的小祕密

　　船在水面上航行時，所遭遇的阻力可分為摩擦阻力、興波阻力及其他較小的阻力，如空氣阻力等，為使船能用較小的主機出力，達到最快船速，就必須減少船舶航行時的阻力。

　　基本上，摩擦阻力與船殼表面的粗糙度及面積有關，船舶設計時必須盡量減少浸水表面積，使用不同的船底塗料，以減少船殼的粗糙度。

　　至於減少興波阻力，就必須依靠如球型艏（Bulbous Bow）的設計。於 1950 ～ 1960 年代經過日本東京大學和諸多國際學者的研究，奠定了現代球艏發展的理論基礎，其作用機制如下圖一。

　　藉由位於傳統船艏前的船艏產生的波（紅色），與傳統船艏在航行時產生的艏波（藍色），二者間產生有利干涉，形成較和緩，也就是耗能較少的波（綠色）。

船體造成的興波　　　　船艏本身造成的興波　　　　兩者疊加之合成波

兩者疊加之合成波　　　傳統船艏產生的艏波已被消除　　　船艏產生波

1980 年代，隨著電腦幾何模型技術的建立，球艏設計已能穩定達成一定程度之減阻效果，並衍生出大量應用，常見的球艏剖面形狀有水滴形、倒三角形、橢圓形或圓形等，隨著不同船型特性而有著豐富的多樣性。

　　而台船從 1998 年自主設計 2,200 TEU 貨櫃輪起，持續累積相關設計經驗，2006 年配合國際節能技術發展趨勢，積極推廣實海域最佳化設計與操作（Seaway Optimal Design and Operation, SODO）之核心設計理念，並著手研發劍艏（Sea Sword Bow）設計。

　　劍艏擁有傳統球艏減少興波阻力之特性，結合延長入水角的優勢，不僅解決傳統球艏僅適用於設計船況的限制，更能減少風浪中的船速損失，為台船 SODO 設計品牌中最具代表性的設計之一。

　　2014 年，台船第四代近洋 1,800 TEU 貨櫃輪應用劍艏設計，交船後首度於市場亮相，同年獲選《世界名船錄》封面（圖右），為該年度最具代表性的船舶，近年投入營運的貨櫃輪多有類似設計（如 2021 年 EVER ACE，24,000 TEU 級），成功引領設計風潮。

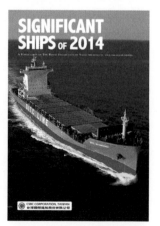

SITC 1,800TEU 貨櫃輪獲選《世界名船錄》封面。

船舶主機太熱如何降溫？

船就像汽車一樣，引擎啟動後，除了推動船舶前進外，還會有沒用完的熱產生，時間一長，引擎溫度就會升高，需要降溫。船舶是利用海水冷卻系統進行降溫工作，其具體原理是：通過泵將海水抽到冷卻器中，再將冷卻器中的熱量轉移給海水，進而達到降溫的目的。

船舶海水冷卻泵常是全船最大的泵，但只要船舶運行就得開啟，開啟後便以全負載的耗電量持續運轉，相當耗能。有鑑於環保節能的重要性，台船自建造 8,000 TEU 貨櫃輪開始，便採用變頻式海水冷卻泵，可依據航行區域的海水溫度高低，調整冷卻水量的需求，降低功率輸出，減少發電機發電量，進而達成環保節能。

螺線迴圈的船舶設計過程

船舶設計是一個逐漸縮小的迴圈過程，需不斷嘗試和調整各項性能，以滿足船東需求和法規期望，直至收斂，完成設計定型。對船廠來說，可分為幾個階段，如右圖：

1. 接到設計需求
2. 估算初步的尺寸與馬力
3. 開發船體線形（船殼的外型）
4. 執行相關計算評估，如計算靜水性能、排水量、穩度（至破損穩度計算）等
5. 評估建造成本，通常會超出預算或是市場行情，此時要回

到設計需求，重新調整設計需求

6. 新的設計需求

7. 新的設計迴圈再走一趟

　　直至船舶性能、建造成本符合需求，才能夠完成設計迴圈的收斂。

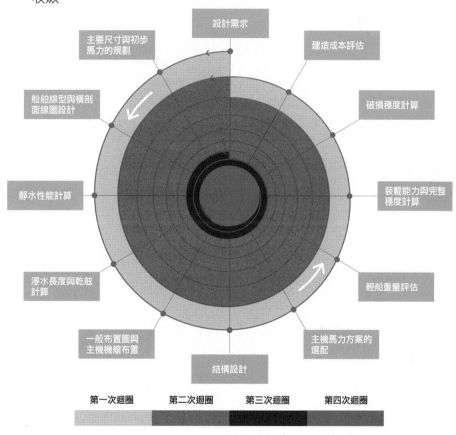

船舶竟會造成物種入侵問題？

　　不說你可能很難想像，船舶航行世界各地時，會帶著各類型的海洋生物四處旅行，進而衍生物種入侵的問題，對生態環境帶來威脅，更甚者還會對衛生條件不佳的沿海居民健康造成傷害。

　　海洋生物藏在哪裡？答案就是「壓載水」（圖一）。

　　壓載水對於現代船舶的穩度控制扮演極重要的角色，船舶

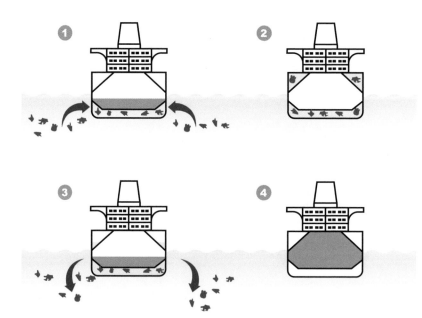

圖一：海洋生物入侵途徑
1 卸貨、壓載海水時海生物進入艙內
2 海生物隨航行來到他處
3 裝貨、卸載海水時海生物移居他處
4 貨艙滿載

常需透過壓載水裝卸，達成安全航行的目的。但因不同水域的壓載水交換，便會造成上述危機，為了防止危害，國際海事組織於2004年通過《國際船舶壓載水和沉積物控制與管理公約》（*BWM Convention*），並於 2017 年滿足生效條件實行。

　　這項公約為壓載水的控制與管理提供了法律上的約束力，規範全球船舶須安裝船舶壓載水處理系統（Ballast Water Treatment System, BWTS）。

　　壓載水公約生效後，所有船舶的壓載水品質為符合標準，須裝設壓載水處理系統來達成。系統在船舶引入壓載水時，可使用過濾方式濾除較大的生物體（40 ～ 50μm），再搭配紫外線、電解、超音波、臭氧、化學藥劑法等，滅除微生物，市場上主流較常選用紫外線、電解法（圖二）。

　　公約也規範了現成船的壓載水狀況，對此，台船便針對現成船提供加改裝服務，例如台電電昌五號系列船，即依照船東需求，改裝適當的壓載水處理系統，令船東於法規生效後，亦能於澳洲紐卡索港快速裝卸貨。

圖二：紫外線壓載水處理系統

講究環保的船舶設計

由於環保意識高漲，國際海事組織訂定了能源效率設計指數（Energy Efficiency Design Index, EEDI），促使船廠投入節能裝置的研發。

所謂的船舶節能裝置，則是指安裝在船舶上，能夠降低燃油消耗率、減少二氧化碳排放以及提高船舶效能的裝置。

台船自 2010 年起展開 ES10（Energy Saving 10%）、ES20（Energy Saving 20%）、ES30（Energy Saving 30%）和 SODO 等計畫，設計出來的船舶，約可節省 1%～5% 的馬力，提升永續性與競爭力。

節能螺槳蓋（ES-CAP）： 安裝於螺槳末端，可打散螺槳轂部後方產生的渦流，回收螺槳後的旋向動能。

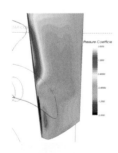

節能舵（ES-RUDDER）： 配合流場，調整舵葉導緣（Leading Edge），以減少阻力和表面空蝕，另可安裝舵球打散螺槳轂部產生的渦流，回收螺槳後的旋向動能。

跡流導罩（Wake Equalizing Duct, WED）：主要應用於慢速船，可將艉跡流均質化，提升整體的推進效率。

節能鰭翼（Y-FIN 與 T-FIN）：藉由增加逆時針的旋向流場，提升整體推進效率。

節能舵翼（RUDDER-FIN）：在舵葉上加上一組翼型，藉以回收螺槳後的旋向動能。

渦流產生器（Vortex Generators, VGs）：一種激紊裝置，可改變螺槳面流場，以降低螺槳激振力，若設計得宜，提升整體推進效率。

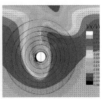

吃水與水尺

　　吃水（draft）即水線到船底基線的垂直距離，而衡量船舶吃水情況的實際刻度，一般繪製於船艏、船舯與船艉等兩側的水尺（draft mark），由這些刻度即可得知船舶的吃水情況，進而計算出其裝載情況。在船舶進出港時，其吃水即顯得重要，若吃水小於該港口水深，則船舶無法進港。是故在進出港前，必須計算此航程中油料的損耗、壓艙水的壓載與卸載等所造成的吃水變化。此時，為確定船舶是否能夠進入該港口，即檢驗其船艏吃水與船艉吃水；有時亦以其平均，即平均吃水為之。

　　水尺讀數係以其刻度為基準。由於刻度以阿拉伯數字縱向表示，僅焊刻雙數，數字高度與數字間隔距離均為 10 公分。辨認吃水深度時則以水線所在位置決定。

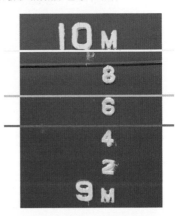

　　如水面於黃色，表示吃水為 10 公尺
　　如水面於綠色，表示吃水為 7 公尺
　　如水面於藍色，表示吃水為 5.5 公尺

拖船推頂位置

　　此位置係為船舶進出港時，供拖船頂推的位置，該區域為配合拖船頂推，通常會特別加強該區結構。

拖船推頂位置
（tug mark）　　　　船艉吃水

碳排放強度指標驅動創新研發

環保意識抬頭，國際海事組織 2023 年新增碳排放強度指標（Carbon Intensity Indicator, CII）。在船型設計上，已經不再像過去一樣，單純追求高船速，講究船速馬力、提升流體性能，而必須考量貨物裝載能力、船速以及船型主要尺寸的互相搭配，才能符合標準。

在這樣的要求下，載重噸決定了基線出發點，但仍需注意所增加的油耗及船速耗損。

以阻力而言，可能存在著船型級距上限，惟 CII 是依實際航行的距離和排放量來決定，就算取得有利的出發點，實務上還是要依靠營運規劃和執行。因此，船型開發應該於設計迴圈增加營運條件，與船東互相搭配合作，以求雙贏，更是新一代船型的開發重點。

造船設計流程的改變

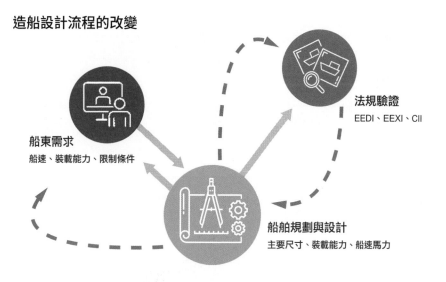

船東需求
船速、裝載能力、限制條件

法規驗證
EEDI、EEXI、CII

船舶規劃與設計
主要尺寸、裝載能力、船速馬力

妥善處理排氣對環境的危害

　　船舶行駛動力需要燃料油，而燃油經燃燒後所產生的二氧化硫，會造成酸雨，以及建築物或金屬物品逐漸腐蝕的情形發生，破壞生態環境。

　　對此，國際海事組織海洋環境保護委員會決議，自 2020 年 1 月起，航行於全球區域的船舶，所使用的燃料油當中，含硫量比例不得超過 0.5%，比起現行含硫量比不得超過 3.5% 之標準，大幅提升許多，其主要目的在於降低硫氧化物（SOx）及顆粒物（PM）對人體及環境產生的不良影響。為了提出相應對策，滿足法規要求，加裝脫硫塔系統已經成為船東選項之一。

　　目前市場上主流為濕式系統，使用水（海水或淡水）做為洗滌介質的濕式洗滌器，可區分成開放式系統（Open loop）及封閉式系統（Closed loop）。

　　開放式系統是將海水從海水泵直接送至洗滌器中，原理類似工廠排廢氣到大氣，碰到下雨時，會與空氣中的硫化物結合，成為酸雨，只是改以人工的方式，限縮引擎排氣在船上的洗滌器內，並自上方淋下海水，清潔排氣之後直接排放回大海，用來洗滌的水不再循環使用。開放式系統的裝備較少，較不占空間，具備安裝與維保成本較低等優點，缺點則是洗滌後海水略帶酸性（約等於柳橙汁），已有部分港口禁止船舶靠港時使用開放式洗滌器。

　　至於封閉式系統，則是利用氫氧化鈉（NaOH）做為中和劑

加入淡水中，讓洗滌水與排氣中的 SOx 結合，減少硫化物排放，循環中的洗滌水使用一段時間後，經水處理器將渣質分離後，洗滌水流經水質偵測器，水質檢測符合 IMO 排放規定後，可排放至大海，不合格則存放於暫存櫃內。其優點為不排放酸水至大海，缺點為所需裝備較多，耗能較多，須額外規劃存放洗滌水及殘渣的空間，整體需求空間較大。

除了開放式及封閉式之外，亦有複合式系統（Hybrid）綜合兩者功能及操作模式，當船舶航行在敏感海域或是港口時可以使用封閉式系統，在可排放洗滌水的海域時使用開放式系統，降低淡水與氫氧化鈉的消耗，提供操作的靈活性，船舶可視所航行的海域，選擇最為經濟的模式來處理內燃機排氣。

因為燃油經燃燒後產生的二氧化硫會造成酸雨以及使建築物或金屬物品逐漸腐蝕的情形發生，若以目前重燃油（H.F.O.）含硫量大約為 3.5% 標準，已不符合法規要求，有鑑於此，航行於全球區域的船舶必須使用相應對策來滿足法規要求，而加裝脫硫塔系統為船東其中一個選項。

一般船舶航行燈號

　　一般船舶主要有三種燈——主桅燈、左右舷燈及艉燈，用於指示船舶的狀態和位置，及二船相遇時，判斷對方的航向、如何避免碰撞。

　　主桅燈：安裝位置在艏桅（Fore Mast）中心線上方，高出其他燈光，向前照射不間斷的白燈，水平照射角度從船艏向左右各112.5度，可視距離為 6 海浬。

　　左右舷燈：設置為左紅右綠，與十字路口交通號誌類似功能。規定兩船相遇時，看見對方紅色燈光者，須變更航向避碰，看見綠色者，須維持航向、速度。安裝在左舷且從船艏到左方 112.5度水平角度內照射不間斷的紅燈，和安裝在右舷且從船艏到右方112.5 度水平角度內照射不間斷的綠燈，可視距離為 3 海浬。

　　艉燈：安裝位置接近船艉處，向後照射不間斷的白燈，水平照射角度從船艉向左右各 67.5 度。

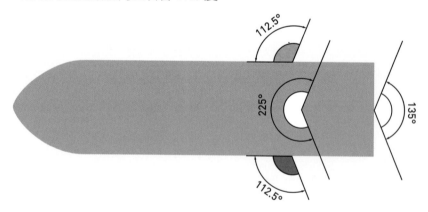

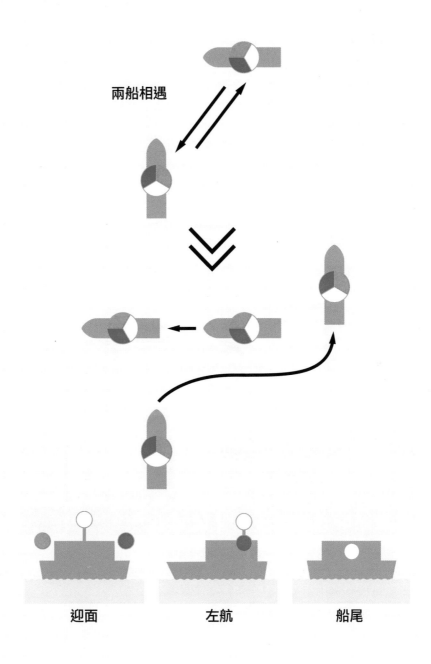

兩船相遇

迎面　　　　　左航　　　　　船尾

載重線標誌

　　載重線標誌（load line mark），如下圖所示，由英國國會議員普林索（Samuel Plimsoll）於 1873 年所創製。載重線為船舶在特定情形下的最高吃水線，換句話說即船舶的最小乾舷。

　　該標誌依季節與航行地區／區帶做為限制船舶載重的條件，並以各載重線上緣為最高吃水來保持船舶浮力。

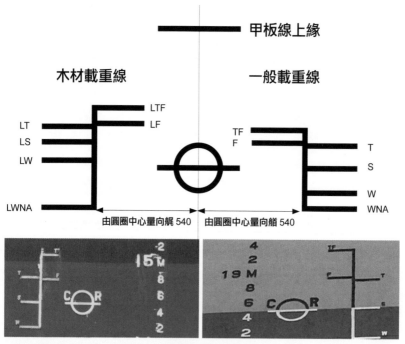

一般載重線的標示意義分述及所對應的船級名稱如下：

● TF（the tropical fresh water load line）：熱帶淡水載重線
● F（the fresh water load line）：夏季淡水載重線
● T（the tropical load line）：熱帶載重線
● S（the summer load line）：夏季載重線
● W（the winter load line）：冬季載重線
● WNA（the winter north atlantic load line）：冬季北大西洋載重線
● CR：中國驗船中心
● ABS：美國驗船協會
● DNV：挪威驗船協會

艙分標誌

　　為符合相關水下檢查規定，船舶須於船外板以標誌標示其對應位置的艙間，以利相關水下檢查的進行。

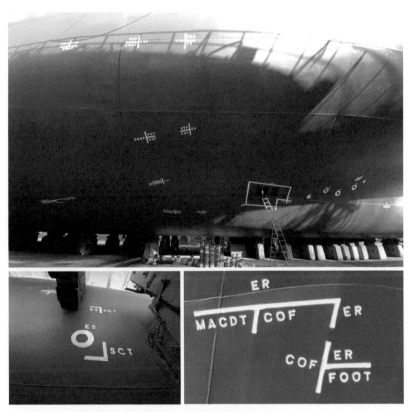

以下文字代表各艙間名稱縮寫，線條則為其艙區分界：
- ES（Echo Sounder）：測深儀
- SCT（Sludge Collecting Tank）：汙泥收集艙
- ER（Engine Room）：機艙
- MACDT（M/E Air Cooler Drain Tank）：主機空氣冷卻器集水箱
- COF（Cofferdam）：圍堰
- FOOT（Fuel Oil Overflow Tank）：燃油溢流櫃

參考資料來源

1. 陳政宏，《造船風雲88年》（台北：行政院文建會，2005年12月），頁26-30。

2. 陳政宏，《造船風雲88年》，頁31-36。

3. 洪紹洋，〈戰後初期臺灣造船公司的接收與經營（1945-1950）〉，《臺灣史研究》14:3，頁142-153。

4. 陳政宏，《造船風雲88年》，頁46-47。

5. 關於蘇伊士運河關閉，可詳見本書〈從資優班到後段班〉。

6. 該公司由美國殷格斯造船公司投資54%、中國國際基金會投資36%、我國航運界投資10%，於1956年成立。

7. 〈殷格斯公司 九一移交〉，《聯合報》，1962年8月30日第2版，資料來源：《聯合知識庫》。

8. 〈殷台公司總經理稱 結束之說不確〉，《聯合報》，1960年7月27日第2版，資料來源：《聯合知識庫》。

9. 費省非，〈殷台造船公司苦鬥中〉，《聯合報》，1960年9月18日第3版，資料來源：《聯合知識庫》。

10. 〈殷台公司又要改組〉，《聯合報》，1961年12月17日第3版，資料來源：《聯合知識庫》。

11. 〈殷台勞資糾紛 昨調解成立〉，《聯合報》，1961年12月26日第3版，資料來源：《聯合知識庫》。

12. 〈殷台公司昨日宣布 無限期停工並停薪〉，《聯合報》，1962年1月27日第2版，資料來源：《聯合知識庫》。

13. 〈殷台公司風波轉趨平息 明無條件復工〉，《聯合報》，1962年1月28日第2版，資料來源：《聯合知識庫》。

14. 〈殷台公司生意淡 年終獎金發不出〉，《聯合報》，1962年2月3日第2版，資料來源：《聯合知識庫》。

15. 〈美方投資人已決定撤退 殷台公司即將結束〉，《聯合報》，1962年8月21日第2版、〈殷格斯公司 九一移交〉，《聯合報》，1962年8月30日第2版，資料來源：《聯合知識庫》。

16. 陳政宏，《航頌傳世：台灣產業經濟檔案數位典藏專題選輯：中國造船公司》（台北：檔案管理局，2012年），頁40-44。

17. 〈南工業區後期計劃 工廠配置大致確定〉，《聯合報》，1966年3月17日第2版，資

料來源：《聯合知識庫》。

18.〈南部工業區更名 改稱為高雄臨海工業區〉，《經濟日報》，1970年1月18日第2版，資料來源：《聯合知識庫》。

19. 陳政宏，《航領傳世：台灣產業經濟檔案數位典藏專題選輯：中國造船股份有限公司》（台北：檔案管理局，2012），頁55-56。

20.〈中日合作設造船廠 初期偏重修船〉，《聯合報》，1967年9月15日第8版，資料來源：《聯合知識庫》。

21.〈政院通過 在高設中華造船公司〉，《經濟日報》，1967年12月22日第1版，資料來源：《聯合知識庫》。

22. 王先登，《五十二年的歷程—獻身於我國防及造船工業》（1994年，未出版），頁68-70。

23. 陳政宏，《航領傳世：台灣產業經濟檔案數位典藏專題選輯：中國造船股份有限公司》，頁62。

24. 陳政宏，《航領傳世：台灣產業經濟檔案數位典藏專題選輯：中國造船股份有限公司》，頁66-67。

25.〈籌建高雄造船廠案審議情形簡報資料及紀錄〉，行政院台六十經9550，1971年10月1日。

26.〈籌建高雄造船廠第二次簡報紀錄〉，行政院台六十一經0481，1972年1月17日。

27.〈檢奉本公司建廠工程計畫簡報資料乙份〉，（64）中船秘發字第1417號，1975年2月25日。

28. 陳政宏，《航領傳世：台灣產業經濟檔案數位典藏專題選輯：中國造船股份有限公司》，頁96-106。

29. 陳政宏，《造船風雲88年》，頁74-83。

30.〈關於高雄造船廠與美國惠固公司所訂投資合作協議書〉，經濟部經秘字第0184號，1973年4月2日。

31.〈中國造船公司承造惠固公司卅六萬噸級油輪已簽約〉，經濟部經（63）國營02832號函，1974年1月29日。

32. 陳政宏，《造船風雲88年》，頁85。

33. 王先登，《五十二年的歷程—獻身於我國防及造船工業》，頁82-89及陳政宏，《航領傳世：台灣產業經濟檔案數位典藏專題選輯：中國造船股份有限公司》，頁114-130。

34.〈高雄造船廠 明夏可竣工〉，《經濟日報》，1975年9月30日第2版，資料來源：《聯合知識庫》。

35.〈中船公司高雄造船廠 建廠今天提前完工〉，《聯合報》，1976年6月1日第2版，資料來源：《聯合知識庫》。

36. 陳政宏，《航領傳世：台灣產業經濟檔案數位典藏專題選輯：中國造船股份有限公司》，頁139。

37.〈台船余茂華企畫處長訪談稿〉（未登稿，2023.03.15 訪談）。

38.〈中國造船公司承造惠固公司卅六萬噸級油輪已簽約〉，經濟部經（63）國營 02832 號函，1974 年 1 月 29 日。

39.〈中船公司承建超級油輪 昨天開始造船作業〉，《聯合報》，1975 年 8 月 21 日第 2 版，資料來源：《聯合知識庫》。

40.〈本公司建造之第一艘油輪安放龍骨，恭請鈞座主持〉，（64）中船秘發字第 2024 號，1975 年 10 月 24 日。

41.陳政宏，《造船風雲 88 年》，頁 92-93。

42.陳政宏，《航領傳世：台灣產業經濟檔案數位典藏專題選輯：中國造船股份有限公司》，頁 161。

43.〈向中船訂油輪 美決取消兩艘〉，《經濟日報》，1976 年 5 月 17 日第 3 版，資料來源：《聯合知識庫》。

44.陳可乾，〈霸權爭奪與石油與國際衝突（1973-2003）〉（台北：國立政治大學外交系碩士論文，2014 年，未出版），頁 44-45。

45.陳可乾，〈霸權爭奪與石油與國際衝突（1973-2003）〉，頁 51-55。

46.陳政宏，《航領傳世：台灣產業經濟檔案數位典藏專題選輯：中國造船股份有限公司》，頁 165。

47.陳政宏，《航領傳世：台灣產業經濟檔案數位典藏專題選輯：中國造船股份有限公司》，頁 173-174。

48.陳政宏，《航領傳世：台灣產業經濟檔案數位典藏專題選輯：中國造船股份有限公司》，頁 169。

49.〈中船業務 邁向多元化〉，《經濟日報》，1978 年 6 月 15 日第 2 版，資料來源：《聯合知識庫》。

50.〈興建花蓮及台中造船廠 經濟部通過中船投資計畫〉，《經濟日報》，1979 年 2 月 20 日第 1 版，資料來源：《聯合知識庫》。

51.〈中船業務 邁向多元化〉，《經濟日報》，1978 年 6 月 15 日第 2 版，資料來源：《聯合知識庫》。

52.〈中船台機決定合作 製造大型高壓鍋爐〉，《經濟日報》，1979 年 3 月 12 日第 1 版，資料來源：《聯合知識庫》。

53.〈中船為美國愛德伍集團 承建鑽探油台〉，《經濟日報》，1979 年 7 月 19 日第 2 版，資料來源：《聯合知識庫》。

54.此為後來修訂，原為多用途船 9 艘、貨櫃船 6 艘、散裝貨船 6 艘。見〈造船計畫重新調整〉，《經濟日報》，1977 年 9 月 29 日第 2 版，資料來源：《聯合知識庫》。

55.〈第一期造船計畫實施辦法公布〉，《經濟日報》，1977 年 6 月 30 日第 2 版，資料來源：《聯合知識庫》。

56.〈八家航運公司，申訂國造貨輪廿四艘〉，《經濟日報》，1977 年 9 月 21 日第 1 版，資料來源：《聯合知識庫》。

57.〈政院通過二期造船計畫 三年內造四十艘〉,《經濟日報》,1980年2月1日第2版,資料來源:《聯合知識庫》。

58.〈積極推行二期造船計畫 中船現已接獲二十二艘國輪訂單〉,《經濟日報》,1981年8月11日第6版,資料來源:《聯合知識庫》。

59.〈七家國營事業單位 營運仍有虧損〉,《聯合報》,1979年4月23日第2版,資料來源:《聯合知識庫》。

60.1979年度(68年度)指的是1978年7月至1979年6月,此報告指虧損金額為19億9千萬元,但根據中船內部統計為18億4千6百萬元,但無論那個數字,都是巨額虧損。見〈中船財務惡劣負債二百億 監察院促速謀徹底整頓〉,《經濟日報》,1979年9月15日第2版。

61.為改善中船營運財務 經建會准增資廿六億〉,《經濟日報》,1979年11月22日第3版,資料來源:《聯合知識庫》。

62.〈為改善中船營運財務 經建會准增資廿六億〉,《經濟日報》,1979年11月22日第3版,資料來源:《聯合知識庫》。

63.陳政宏,《航領傳世:台灣產業經濟檔案數位典藏專題選輯:中國造船股份有限公司》,頁176。〈中船財務惡劣負債二百億 監察院促速謀徹底整頓〉,《經濟日報》,1979年9月15日第2版,資料來源:《聯合知識庫》。

64.〈中船彈劾案通過具有多項意義〉,《聯合報》,1982年10月16日第2版,資料來源:《聯合知識庫》。

65.〈中船連年鉅額虧損五十億元 王先登等十二人失職受重處〉,《聯合報》,1984年5月5日第5版,資料來源:《聯合知識庫》。

66.劉鳳翰、王正華、程玉凰,《韋永寧先生訪談錄》(台北:國史館,1994年),頁143。

67.劉鳳翰、王正華、程玉凰,《韋永寧先生訪談錄》。

68.〈中船招攬國外造船業務 政府決定予優惠低利貸款〉,《經濟日報》,1982年2月19日第2版,資料來源:《聯合知識庫》。

69.〈船到江心補漏忙〉,《經濟日報》,1982年12月16日第12版,資料來源:《聯合知識庫》。

70.〈中船一級主管大幅調動〉,《經濟日報》,1982年11月8日第2版、〈中船推動精簡計畫〉,《經濟日報》,1982年11月23日第2版,資料來源:《聯合知識庫》。

71.〈船到江心補漏忙〉,《經濟日報》,1982年12月16日第12版,資料來源:《聯合知識庫》。

72.〈國營事業本年度營運 產銷都未達預、算實績〉,《經濟日報》,1983年6月30日第2版,資料來源:《聯合知識庫》。

73.〈中船董事長韋永寧 任期延長一年〉,《聯合報》,1985年8月24日第2版,資料來源:《聯合知識庫》。

74.〈中船業務萎縮虧損連連 昨宣布裁員一千四百人〉,《聯合報》,1985年12月1日第2版,資料來源:《聯合知識庫》。

75. 有關與海軍造艦完整討論可見本書〈肩負國防使命的中船〉。

76.〈中船新任總經理　葉曼生昨接事〉,《經濟日報》,1988 年 1 月 5 日第 21 版,資料來源:《聯合知識庫》。

77.〈人稱「國營事業艾科卡」〉,《聯合晚報》,1991 年 10 月 20 日第 15 版,資料來源:《聯合知識庫》。

78.〈中石化及中船董事長總經理交接〉,《經濟日報》,1992 年 3 月 11 日第 2 版,資料來源:《聯合知識庫》。

79. 有關民營化完整討論可見本書〈台灣的民營化運動〉。

80. 同上。

81.〈中船八年來首見虧損〉,《聯合報》,1999 年 7 月 15 日第 24 版,資料來源:《聯合知識庫》。

82.〈中船董事長總經理　主動請辭獲准〉,《聯合報》,2002 年 6 月 20 日第 3 版,資料來源:《聯合知識庫》。

83.〈中船董新舊事長交接〉,《聯合報》,2002 年 7 月 20 日第 22 版,資料來源:《聯合知識庫》。

84. 郭漢辰,〈行過內憂外患　航向廣闊大海〉,收於王御風、郭漢辰、涂妙沂、何從,《鋼板在吟唱》(高雄:高雄市政府文化局,2008 年),頁 58-61。

85. 同上。

86.〈中船新董座　盧峰海上任〉,《經濟日報》,2005 年 10 月 1 日第 A8 版。

87.〈中船改名台船 扁讚蘇衝衝衝〉,《聯合報》,2007 年 3 月 3 日第 3 版,資料來源:《聯合知識庫》。

88.〈七家航運公司訂造新船　環境變遷逼臨毀約〉,《經濟日報》,1982 年 7 月 17 日第 2 版,資料來源:《聯合知識庫》。

89.〈船東不願履行契約　中船財務情況更為惡劣〉,《聯合報》,1983 年 1 月 26 日第 2 版,資料來源:《聯合知識庫》。

90.〈中船已建造九艘船　貸款期限延長三年〉,《聯合報》,1983 年 1 月 27 日第 2 版,資料來源:《聯合知識庫》。

91.〈二期造船計畫所建九艘散裝船　交船日期延長一年〉,《經濟日報》,1983 年 6 月 8 日第 3 版,資料來源:《聯合知識庫》。

92.〈第 0214 號散裝船第二期款依約歉難撥付〉,益航(72)工字第 098 號,1983 年 2 月 17 日,資料來源:《聯合知識庫》。

93.〈函告遠通航運公司依合約規定撥款〉,中船(72)船業字 6796 號,1983 年 9 月 2 日。

94.〈委託造船　拜託領船!〉,《聯合報》,1983 年 9 月 17 日第 5 版,資料來源:《聯合知識庫》。

95.〈解決中船公司交船糾紛　經交兩部研擬折衷方案〉,《聯合報》,1983 年 11 月 10 日第 2 版,資料來源:《聯合知識庫》。

96. 〈船東硬不接船事態變得嚴重 不管如何解決愈拖只有愈糟〉,《經濟日報》,1984 年 3 月 10 日第 2 版,資料來源:《聯合知識庫》。

97. 〈五艘中船建妥之散裝船 三公司已同意接船〉,《經濟日報》,1983 年 11 月 17 日第 2 版,資料來源:《聯合知識庫》。

98. 〈船東硬不接船事態變得嚴重 不管如何解決愈拖只有愈糟〉,《經濟日報》,1984 年 3 月 10 日第 2 版,資料來源:《聯合知識庫》。

99. 〈中船公司 66,000 噸級散裝貨輪船東不予接船案,經建會決議〉,財政部(73)台財融第 15326 號,1984 年 4 月 19 日。

100. 〈國內銀行見風轉舵 擱置對益利聯貸案〉,《聯合報》,1984 年 7 月 19 日第 5 版,資料來源:《聯合知識庫》。

101. 〈遠通與益壽不願接船 中船營運將受到影響〉,《經濟日報》,1984 年 8 月 15 日第 2 版,資料來源:《聯合知識庫》。

102. 〈益利紓困 商獲協議〉,《經濟日報》,1984 年 9 月 14 日第 3 版,資料來源:《聯合知識庫》。

103. 〈十六艘船背負造船高利貸〉,《經濟日報》,1987 年 6 月 13 日第 3 版,資料來源:《聯合知識庫》。

104. 〈挽救中船方案研定 存亡絕續在此一舉〉,《聯合報》,1987 年 7 月 27 日第 2 版,資料來源:《聯合知識庫》。

105. 〈二期造船貸款已回收 中船財務危機獲紓解〉,《經濟日報》,1988 年 10 月 30 日第 15 版,資料來源:《聯合知識庫》。

106. 〈交部已同意申造新船航商〉,《經濟日報》,1983 年 5 月 17 日第 2 版,資料來源:《聯合知識庫》。

107. 〈國貨國運 再見!〉,《經濟日報》,1988 年 3 月 3 日第 2 版,資料來源:《聯合知識庫》。

108. 郭漢辰,〈一八四號船大火燒出鐵漢柔情〉,收於王御風、郭漢辰、涂妙沂、何從,《鋼板在吟唱》,頁 86-88。

109. 王御風,《舊港新灣:打狗港濱戲獅甲》(台北:遠足,2018),頁 205-213。

110. 陳政宏,《航頌傳世:台灣產業經濟檔案數位典藏專題選輯:中國造船公司》,頁 222。

111. 陳政宏,《造船風雲 88 年》,頁 120-121。

112. 〈二代艦〉,《聯合報》,1994 年 1 月 23 日第 4 版,資料來源:《聯合知識庫》。

113. 〈七十二年起著手籌建二代兵力〉,《聯合報》,1993 年 5 月 8 日第 3 版,資料來源:《聯合知識庫》。

114. 〈灰棕船體 亮麗下水 國艦國造 技術「成功」〉,《聯合報》,1991 年 10 月 6 日第 6 版,資料來源:《聯合知識庫》。

115. 〈李總統主持 首艘國造飛彈巡防艦 成功號交船儀式〉,《聯合報》,1993 年 5 月 7 日第 1 版,資料來源:《聯合知識庫》。

116. 〈田單號 經費縮減不再建造〉，《聯合報》，1995 年 7 月 14 日第 4 版，資料來源：《聯合知識庫》。

117. 〈第七艘成功級飛彈巡防艦昨天編成〉，《聯合報》，1998 年 12 月 2 日第 13 版，資料來源：《聯合知識庫》。

118. 〈軍艦遲交 中船要賠海軍 8600 萬〉，《聯合報》，2000 年 5 月 7 日第 24 版，資料來源：《聯合知識庫》。

119. 〈經建會同意 中船興建修船乾塢〉，《經濟日報》，1989 年 10 月 19 日第 10 版，資料來源：《聯合知識庫》。

120. 〈中央地方職權之爭 延誤建造派里艦〉，《聯合報》，1992 年 5 月 23 日第 6 版，資料來源：《聯合知識庫》。

121. 〈16 艘法國巡防艦傳將售我〉，《聯合報》，1991 年 7 月 27 日第 1 版，資料來源：《聯合知識庫》。

122. 〈中法合作拉法葉巡防艦已開工〉，《聯合報》，1992 年 3 月 12 日第 1 版，資料來源：《聯合知識庫》。

123. 〈售台拉法葉艦 全數在法建造〉，《聯合報》，1993 年 3 月 25 日第 4 版，資料來源：《聯合知識庫》。

124. 〈台船袁國龍設計處處長訪談稿〉（未登稿，2023.03.18 訪談）。

125. 〈海軍造錦江艦 中船得標〉，《聯合報》，1997 年 6 月 27 日第 1 版，資料來源：《聯合知識庫》。

126. 〈國造淡江軍艦命名下水〉，《聯合報》，1998 年 6 月 19 日第 4 版，資料來源：《聯合知識庫》。

127. 〈中船錦江艦測試走樣 海軍拒驗收〉，《聯合報》，1999 年 4 月 4 日第 1 版，資料來源：《聯合知識庫》。

128. 〈中船兩巡邏艦交船〉，《聯合報》，1999 年 9 月 8 日第 8 版，資料來源：《聯合知識庫》。

129. 〈軍艦遲交 中船要賠海軍 8600 萬〉，《聯合報》，2000 年 5 月 7 日第 24 版，資料來源：《聯合知識庫》。

130. 〈珠江艦命名下水〉，《聯合報》，2000 年 2 月 26 日第 19 版，資料來源：《聯合知識庫》。

131. 高凌雲，〈二代飛彈快艇 國造國艦下水〉，《聯合晚報》，2002 年 9 月 26 日第 7 版，資料來源：《聯合知識庫》。

132. 丁萬鳴，〈海軍「光六」採購案爆糾紛〉，《聯合報》，2005 年 10 月 10 日第 C4 版，資料來源：《聯合知識庫》。

133. 丁萬鳴，〈光六快艇採購 至少追加 30 億預算〉，《聯合報》，2007 年 3 月 24 日第 B6 版，資料來源：《聯合知識庫》。

134. 謝龍田，〈光六計畫兩快艇交船〉，《聯合報》，2009 年 5 月 27 日第 A4 版，資料來源：《聯合知識庫》。

135.〈光六飛彈快艇成軍〉,《聯合報》,2010 年 5 月 19 日第 A1 版,資料來源:《聯合知識庫》。

136.〈美決售我潛艦紀德艦〉,《聯合報》,2001 年 4 月 25 日第 1 版,資料來源:《聯合知識庫》。

137.〈理性評估潛艦國造政策〉,《聯合報》,2004 年 7 月 2 日第 2 版,資料來源:《聯合知識庫》。

138.〈潛艦國造?湯耀明:出人命誰負責〉,《聯合晚報》,2002 年 6 月 5 日第 2 版,資料來源:《聯合知識庫》。

139. 鄭繼文,〈國艦國造與國防自主 專訪中國造船公司董事長徐強〉,《全球防衛雜誌》221,2003 年 1 月,頁 34-41。

140.〈潛艦造價 軍方「高估」 中船拒背書〉,《聯合報》,2004 年 5 月 10 日第 A11 版,資料來源:《聯合知識庫》。

141.〈林信義不留 政策留不留〉,《聯合報》,2004 年 5 月 10 日第 A11 版,資料來源:《聯合知識庫》。

142.〈民進黨立委反對潛艦國造〉,《聯合報》,2004 年 6 月 10 日第 A2 版、〈售我潛艦 王金平促美重新報價〉,《聯合報》,2004 年 6 月 24 日第 A4 版,資料來源:《聯合知識庫》。

143. 吳秉楷,〈台船標案失利 衝擊業績〉,《經濟日報》,2012 年 5 月 16 日第 C6 版,資料來源:《聯合知識庫》。

144. 王御風,《舊港新灣—打狗港濱戲獅甲》,頁 246-248

145.〈中船民營化暫緩〉,《經濟日報》,1993 年 4 月 22 日第 2 版,資料來源:《聯合知識庫》。

146.〈中船將「分割」民營〉,《聯合報》,1993 年 4 月 24 日第 17 版,資料來源:《聯合知識庫》。

147.〈中船打算拍賣基隆廠〉,《聯合報》,1994 年 3 月 10 日第 19 版,資料來源:《聯合知識庫》。

148.〈台肥中船兩年後民營〉,《經濟日報》,1994 年 7 月 31 日第 2 版,資料來源:《聯合知識庫》。

149.〈專訪中船董事長李英明〉,《經濟日報》,1994 年 10 月 4 日第 10 版,資料來源:《聯合知識庫》。

150.〈中船擬重整減資申請上市〉,《聯合報》,1995 年 2 月 15 日第 19 版,資料來源:《聯合知識庫》。

151. 中船盼延後民營化 國營會退回重議〉,《聯合報》,1995 年 2 月 24 日第 19 版,資料來源:《聯合知識庫》。

152.〈中船簡報再造方案〉,《聯合報》,1995 年 10 月 16 日第 19 版,資料來源:《聯合知識庫》。

153.〈中船南遷 人事地震〉,《經濟日報》,1996 年 1 月 5 日第 13 版,資料來源:《聯合知識庫》。

154.〈中船擴大精簡人事 預計四年內裁 1,700 多人〉,《經濟日報》,1996 年 1 月 22 日第 13 版,資料來源:《聯合知識庫》。

155.〈中船接到今年度首張訂單〉,《聯合報》,1996 年 5 月 23 日第 19 版,資料來源:《聯合知識庫》。

156.〈美化帳面吸引民股中船決減資 58 億〉,《聯合報》,1997 年 2 月 26 日第 19 版,資料來源:《聯合知識庫》。

157.〈中船擬洽特定人移轉民營〉,《經濟日報》,1997 年 5 月 2 日第 17 版,資料來源:《聯合知識庫》。

158.〈長榮決擴大海空運投資〉,《聯合報》,1997 年 10 月 14 日第 2 版,資料來源:《聯合知識庫》。

159.〈中船民營化 加速推動〉,《經濟日報》,1997 年 10 月 17 日第 20 版,資料來源:《聯合知識庫》。

160.〈中船新東家 長榮呼聲高〉,《經濟日報》,1997 年 10 月 28 日第 26 版,資料來源:《聯合知識庫》。

161.〈誰買中船?國營會相中 39 位老闆〉,《經濟日報》,1997 年 11 月 4 日第 26 版,資料來源:《聯合知識庫》。

162.〈中船八年來首見虧損〉,《聯合報》,1999 年 7 月 15 日第 24 版,資料來源:《聯合知識庫》。

163.〈中船高雄廠組織併入總公司〉,《經濟日報》,2000 年 3 月 14 日第 32 版,資料來源:《聯合知識庫》。

164.〈國營會官員:中船台機再生計畫像垃圾〉,《聯合晚報》,2000 年 7 月 18 日第 4 版,資料來源:《聯合知識庫》。

165.〈中船再生計畫 裁員半數、減薪三成多〉,《聯合報》,2000 年 9 月 2 日第 19 版,資料來源:《聯合知識庫》。

166. 中船工會要求撤換總經理〉,《經濟日報》,2000 年 9 月 19 日第 32 版,資料來源:《聯合知識庫》。

167.〈張旭勇準辭 江元璋明接中船總經理〉,《聯合報》,2000 年 10 月 31 日第 24 版,資料來源:《聯合知識庫》。

168.〈500 日維新 中船再生成功〉,《聯合報》,2003 年 8 月 14 日第 A4 版,資料來源:《聯合知識庫》。

169.〈中船再生 工會同意大幅裁員減薪〉,《聯合報》,2001 年 3 月 21 日第 21 版,資料來源:《聯合知識庫》。

170.〈中船再生 工會同意大幅裁員減薪〉,《聯合報》,2001 年 3 月 21 日第 21 版,資料來源:《聯合知識庫》。

171. 陳政宏,《造船風雲 88 年》,頁 141。

172.〈中船將裁員一半 減薪 35%〉,《經濟日報》,2001 年 8 月 2 日第 15 版,資料來源:《聯合知識庫》。

173.〈中船再生計畫 1800人登記遭退〉,《聯合報》,2001年12月6日第17版,資料來源:《聯合知識庫》。

174.〈薪事重重 中船員工無心上班〉,《聯合報》,2001年12月21日第20版,資料來源:《聯合知識庫》。

175.〈台船魏正賜總經理訪談稿〉(未登稿,2023.03.22訪談)。

176.〈中船兩路人馬 街頭對立〉,《聯合報》,2002年5月24日第20版,資料來源:《聯合知識庫》。

177.〈中船62名員工 昨天復職〉,《聯合報》,2002年6月11日第18版,資料來源:《聯合知識庫》。

178.〈中船董事長總經理 主動請辭獲准〉,《聯合報》,2002年6月20日第3版,資料來源:《聯合知識庫》。

179.〈中船新舊事事長交接〉,《聯合報》,2002年7月20日第22版,資料來源:《聯合知識庫》。

180.〈台船魏正賜總經理訪談稿〉(未登稿,2023.03.22訪談)。

181.〈500日維新 中船再生成功〉,《聯合報》,2003年8月14日第A4版,資料來源:《聯合知識庫》。

182.〈中船民營化明年底完成〉,《經濟日報》,2003年12月23日第33版,資料來源:《聯合知識庫》。

183.〈中船新董座 盧峰海上任〉,《經濟日報》,2005年10月1日第A8版,資料來源:《聯合知識庫》。

184.〈中船民營化作業 流標〉,《經濟日報》,2005年10月19日第A11版,資料來源:《聯合知識庫》。

185.〈中船民營化 二次招標流標〉,《聯合報》,2006年9月19日第C2版,資料來源:《聯合知識庫》。

186.〈買家觀望 中船民營化延宕〉,《經濟日報》,2006年8月8日第A9版,資料來源:《聯合知識庫》。

187.〈一再拖延 包袱加重〉,《經濟日報》,2006年8月8日第A9版,資料來源:《聯合知識庫》。

188.張家豪,〈推動台船民營化上市 鄭文隆 工程人變操槳手〉,《聯合晚報》,2008年12月13日第B7版,資料來源:《聯合知識庫》。

189.蔡靜紋、葉慧心〈台船釋股競拍 廠商券商搶破頭〉,《經濟日報》,2008年12月2日第A11版,資料來源:《聯合知識庫》。

190.張家豪,〈台船二階段釋股 中籤率為50.9%〉,《聯合晚報》,2008年12月12日第B3版,資料來源:《聯合知識庫》。

191.吳秉楷,〈穩賺不賠 員工瘋狂認購〉,《經濟日報》,2008年12月2日第A11版,資料來源:《聯合知識庫》。

192. 王昱翔，〈台船新三箭，能逆轉「海運賺、造船廠卻慘賠」命運？〉，《遠見》第387期。

193. 〈台船余茂華企劃處長訪談〉，2023.3.15。

194. 黃于津，〈永遠的台船人：譚泰平〉，《風起雲湧：海大人物誌》（基隆：國立台灣海洋大學，2018年），頁118-127。

195. 吳秉鍇，〈台船改選 譚泰平升董座〉，《經濟日報》，2010年12月17日第C6版，資料來源：《聯合知識庫》。

196. 吳秉鍇，〈台船董座 賴杉桂接任〉，《經濟日報》，2010年7月5日第C7版，資料來源：《聯合知識庫》。

197. 吳秉鍇，〈台船總經理 陳豐霖升任〉，《經濟日報》，2012年8月10日第C7版，資料來源：《聯合知識庫》。

198. 吳秉鍇，〈賴董注新血 公司一路發〉，《經濟日報》，2014年2月10日第C4版，資料來源：《聯合知識庫》。

199. 吳秉鍇，〈台船10年換血30％員工〉，《經濟日報》，2013年1月25日第C6版，資料來源：《聯合知識庫》。

200. 陸煥文，〈台船 非造船占比上看20％〉，《經濟日報》，2013年4月23日第C6版，資料來源：《聯合知識庫》。

201. 吳秉鍇，〈台船再造 航向營運新高峰〉，《經濟日報》，2017年3月6日第A4版，資料來源：《聯合知識庫》。

202. 吳秉鍇，〈台船總座 曾國正將升任〉，《經濟日報》，2017年8月1日第C6版，資料來源：《聯合知識庫》。

203. 鍾泓良、鄭鴻達，〈國營事業董總大風吹〉，《經濟日報》，2021年2月4日第A4版，資料來源：《聯合知識庫》。

204. 吳秉鍇，〈魏正賜 多角經營 帶台船轉骨〉，《經濟日報》，2021年7月8日第B5版，資料來源：《聯合知識庫》。

205. 〈台船余茂華企劃處長訪談〉，2023.3.15。吳秉鍇，〈台船旗下台蝕獲7億標案〉，《經濟日報》，2019年1月5日第B4版，資料來源：《聯合知識庫》。

206. 郭及天、邱建業，〈台船上緯 搶得風電商機〉，《經濟日報》，2013年10月29日第C7版，資料來源：《聯合知識庫》。

207. 吳秉鍇，〈台船攻風電 進帳2億元〉，《經濟日報》，2015年8月1日第B4版，資料來源：《聯合知識庫》。

208. https://www.csbcnet.com.tw/Service/RenewableEnergy/MarineTeam/background.htm

209. 吳秉鍇，〈台船組夢幻團隊 攻離岸風電〉，《經濟日報》，2017年8月24日第A6版，資料來源：《聯合知識庫》。

210. 吳秉鍇，〈本土最大駁船 4月完工〉，《經濟日報》，2019年1月11日第A6版，資料來源：《聯合知識庫》。

211. 黃淑惠，〈首艘大型風電工作船 交船〉，《聯合晚報》，2019年4月13日第B3版，

資料來源：《聯合知識庫》。

212. 徐如宜、陳弘逸、林巧璉，〈國內首艘 離岸風電浮吊船下水〉，《經濟日報》，2022年4月4日第 B1 版，資料來源：《聯合知識庫》。

213. 賴言曦，〈台船董事長賴文隆專訪：台船打造精品級環海翡翠輪 寫台灣海上施工新紀元〉，《中央社》，2023年5月14日。資料來源：https://www.cna.com.tw/news/afe/202305140114.aspx。

214. 洪哲政，〈老爺艦 接新尾巴〉，《聯合晚報》，2014年6月2日第 A1 版，資料來源：《聯合知識庫》。

215. 洪哲政，〈海獅艦大修 拚服役到80歲〉，《聯合晚報》，2017年1月21日第 A4 版，資料來源：《聯合知識庫》。

216. 陳維鈞，〈台船潛艦發展中心揭牌〉，《聯合報》，2016年8月2日第 B1 版，資料來源：《聯合知識庫》。

217. 吳秉鍇，〈台船獲國造潛艦標案〉，《經濟日報》，2016年12月23日第 A14 版，資料來源：《聯合知識庫》。

218. 張加、洪哲政，〈美 商售 助我潛艦國造〉，《聯合晚報》，2018年4月7日第 A1 版，資料來源：《聯合知識庫》。

219. 〈台船余茂華企劃處長訪談〉，2023.3.15。

220. 林敬殷，〈啟動彎板機 蔡：MIT 潛艦開始建造〉，《聯合報》，2020年11月25日第 A4 版，資料來源：《聯合知識庫》。

221. 洪哲政，〈磐石艦交艦 人道救援添利器〉，《聯合晚報》，2015年1月23日第 A10 版，資料來源：《聯合知識庫》。

222. 高凌雲、徐偉真，〈國艦國造主戰艦延宕 只剩玉山艦下水〉，《聯合晚報》，2021年4月11日第 A5 版，資料來源：《聯合知識庫》。

223. 蔡晉宇，〈玉山艦交艦「平時救災 戰時作戰」〉，《經濟日報》，2022年10月1日第 A14 版，資料來源：《聯合知識庫》。

224. 吳秉鍇，〈台船巡防艦交船 營運補〉，《經濟日報》，2021年4月30日第 C5 版，資料來源：《聯合知識庫》。

225. 王昭月，〈百噸巡緝艇 首艘「海隆艇」下水〉，《經濟日報》，2022年3月8日第 A4 版，資料來源：《聯合知識庫》。

226. 〈曾被戲稱「台船的敗家子」 台船防蝕用一年轉型成功〉，2019年1月4日。https://www.ntdtv.com.tw/b5/20190104/video/237425.html?%E6%9B%BE%E8%A2%AB%E6%88%B2%E7%A8%B1%E3%80%8C%E5%8F%B0%E8%88%B9%E7%9A%84%E6%95%97%E5%AE%B6%E5%AD%90%E3%80%8D%20%E5%8F%B0%E8%88%B9%E9%98%B2%E8%9D%95%E7%94%A8%E4%B8%80%E5%B9%B4%E8%BD%89%E5%9E%8B%E6%88%90%E5%8A%9F

227. 〈台船余茂華企劃處長訪談〉，2023.3.15。吳秉鍇，〈台船旗下台蝕獲 7 億標案〉，《經濟日報》，2019年1月5日第 B4 版，資料來源：《聯合知識庫》。

228. 〈台船防蝕與興達海基公司舉行【沃旭大彰化案 56 水下基礎防蝕塗裝工程】簽約儀式〉，2020年5月26日，資料來源：《台船新聞》。

榮耀船說

229.〈台船防蝕公司與結構安全創辦人戴雲發 Alfa Safe 團隊 首度攜手合作用心建造安全、耐震、高品質的建築〉，2022 年 10 月 6 日，資料來源：《台船新聞》。

230. 吳秉鍇，〈台船旗下台蝕獲 7 億標案〉，《經濟日報》，2019 年 1 月 5 日第 B4 版，資料來源：《聯合知識庫》。

231. 郭及天、邱建業，〈台船上緯 搶得風電商機〉，《經濟日報》，2013 年 10 月 29 日第 C7 版，資料來源：《聯合知識庫》。

232. 吳秉鍇，〈台船攻風電 進帳 2 億元〉，《經濟日報》，2015 年 8 月 1 日第 B4 版，資料來源：《聯合知識庫》。

233. 李建興，〈中鋼、台船各組國家隊三階段力拚國產化〉，《遠見》第 380 期（2018.2），頁 156-160。

234. 吳秉鍇，〈台船組夢幻團隊 攻離岸風電〉，《經濟日報》，2017 年 8 月 24 日第 A6 版，資料來源：《聯合知識庫》。

235. 李建興，〈豪賭 40 億蓋離岸風機 蔡朝陽磨七年翻身〉，《遠見》第 380 期（2018.2），頁 162-165。

236. 李建興，〈台灣海峽綠金〉，《遠見》第 380 期（2018.2），頁 150。

237. 吳秉鍇，〈本土最大駁船 4 月完工〉，《經濟日報》，2019 年 1 月 11 日第 A6 版，資料來源：《聯合知識庫》。

238. 黃淑惠，〈首艘大型風電工作船 交船〉，《聯合晚報》，2019 年 4 月 13 日第 B3 版，資料來源：《聯合知識庫》。

239. 徐如宜、陳弘逸、林巧璉，〈國內首艘 離岸風電浮吊船下水〉，《經濟日報》，2022 年 4 月 4 日第 B1 版，資料來源：《聯合知識庫》。

240.〈台船「榮耀船說」：環海翡翠輪 4,400 噸吊掛測試成功 台灣離岸風電海事工程能量邁大步〉，2023 年 6 月 7 日，資料來源：《台船新聞》。

241.〈台灣離岸風電即戰力：台船「環海翡翠輪」通過驗證交船 即期如質投入風場施作〉，2023 年 6 月 30 日，資料來源：《台船新聞》。

242. 同上。

國家圖書館出版品預行編目 (CIP) 資料

榮耀船說：台船公司逆風前行/王御風, 沈勤譽, 朱
乙真 採訪撰文. -- 第一版. -- 臺北市：遠見天下文化
出版股份有限公司, 2023.12
　　面；　公分. -- (社會人文 ; BGB564)
ISBN 978-626-355-456-6(平裝)

1.CST: 造船廠 2.CST: 船舶工程 3.CST: 產業發展
4.CST: 臺灣

444.3   112016312

BGB564 社會人文

榮耀船説

台船公司逆風前行

採訪撰文——王御風、沈勤譽、朱乙真
採訪協力——台灣國際造船股份有限公司
專案顧問——鄭文隆

企劃出版部總編輯——李桂芬
主編——羅德禎
責任編輯——郭盈秀
文字編輯——黃怡蒨（特約）
美術設計——洪雪娥（特約）、劉雅文（特約）
攝影——黃鼎翔（特約）、連偉志（特約）

出版者——遠見天下文化出版股份有限公司
創辦人——高希均、王力行
遠見 · 天下文化 事業群榮譽董事長——高希均
遠見 · 天下文化 事業群董事長——王力行
天下文化社長——林天來
國際事務開發部兼版權中心總監——潘欣
法律顧問——理律法律事務所陳長文律師
著作權顧問——魏啟翔律師
社址——臺北市 104 松江路 93 巷 1 號
讀者服務專線——02-2662-0012 ｜ 傳真——02-2662-0007；02-2662-0009
電子郵件信箱——cwpc@cwgv.com.tw
直接郵撥帳號——1326703-6 號 遠見天下文化出版股份有限公司

製版廠——中原造像股份有限公司
印刷廠——中原造像股份有限公司
裝訂廠——中原造像股份有限公司
登記證——局版台業字第 2517 號
總經銷——大和書報圖書股份有限公司 ｜ 電話——02-8990-2588
出版日期——2023 年 12 月 15 日 第一版第 1 次印行

定價——NT 650 元
ISBN——978-626-355-456-6
EISBN——9786263554962（EPUB）；9786263554979（PDF）
書號——BGB564
天下文化官網——bookzone.cwgv.com.tw

天下·文化
Believe in Reading